AF464091

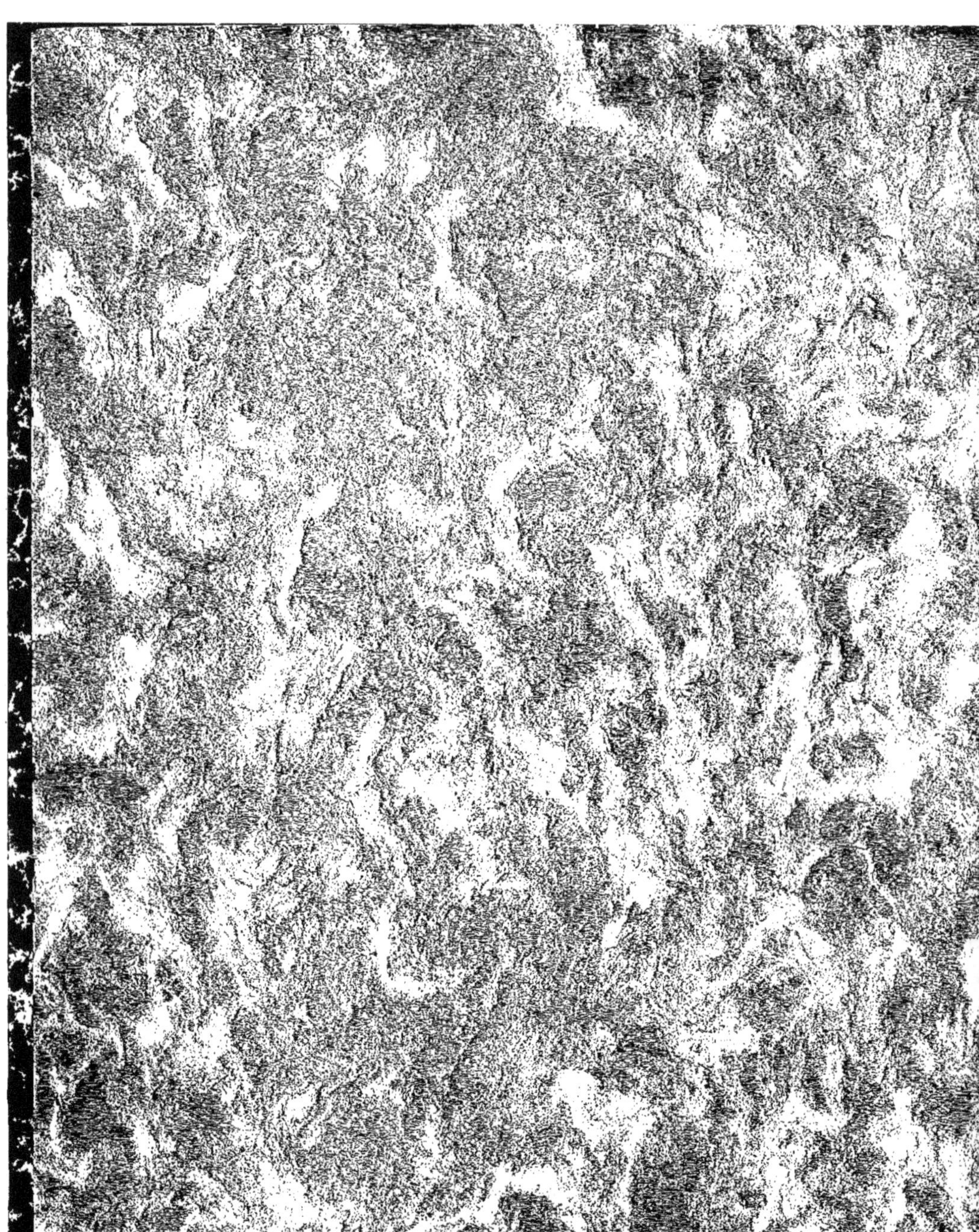

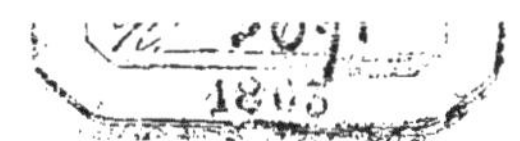

EXPOSITION UNIVERSELLE DE LONDRES.

1862.

RAPPORTS

ADRESSÉS

A M. LE PRÉFET

DE SEINE-ET-MARNE

PAR LA COMMISSION DÉPARTEMENTALE

PARIS
IMPRIMERIE ADMINISTRATIVE DE PAUL DUPONT
RUE DE GRENELLE-SAINT-HONORÉ, 45.

1863

EXPOSITION UNIVERSELLE DE LONDRES DE 1862.

RAPPORTS

ADRESSÉS

A M. LE PRÉFET

DE SEINE-ET-MARNE

PAR LA COMMISSION DÉPARTEMENTALE

PARIS
IMPRIMERIE ET LIBRAIRIE ADMINISTRATIVES DE PAUL DUPONT
Rue de Grenelle-Saint-Honoré, 45

1863

Paris, le 20 mars 1863.

Monsieur le Préfet,

J'ai l'honneur de vous adresser les Rapports de la Commission départementale instituée par vous pour étudier l'exposition universelle de Londres au point de vue des intérêts du département de Seine-et-Marne.

Dans ce travail, la Commission a consigné les résultats de l'étude consciencieuse à laquelle elle s'est livrée sur l'état de l'industrie, du commerce et de l'agriculture dans notre département, comparés avec les développements qu'ont pris chez les autres nations ces diverses branches de l'activité humaine.

La population de Seine-et-Marne pourra y puiser, j'espère, une connaissance plus complète des ressources que lui offre l'accroissement de nos relations avec les pays étrangers.

Recevez, Monsieur le Préfet, l'assurance de ma considération la plus distinguée.

Le Président de la Commission,

Drouyn de Lhuys.

AVERTISSEMENT.

Les expositions ont principalement pour but de mettre en relief tous les efforts de l'industrie humaine. Elles offrent cet avantage de permettre d'observer, dans un espace relativement très-restreint, tous les progrès accomplis, qu'on ne pourrait étudier partout ailleurs qu'avec beaucoup de temps, d'argent et d'une manière incomplète.

Il importe de le remarquer : il n'en est pas des arts industriels comme des autres arts.

Tous les échos du monde civilisé répèteront éternellement les vers d'Homère, d'Horace et de Virgile, qu'on n'a jamais surpassés, pas plus qu'Apelles et Phidias. Dans les lettres et dans les arts, les sentiments, les idées, la manière de les exprimer et de les rendre ne se transmettent pas; ils sont d'inspiration.

Dans l'industrie, au contraire, les progrès sont successifs et relèvent les uns des autres; la somme des connaissances s'accumule et se transmet sans cesse. Le perfectionnement apporté à une machine, à un outillage, à un procédé agricole reste et en suggère d'autres; peu à peu les forces sont multipliées et la puissance productive augmente en proportion, si bien que Pascal a pu dire que la société est un homme qui apprend toujours.

Ces merveilleuses conquêtes, étalées à tous les regards, éveillent l'esprit, excitent l'intelligence et conduisent à de nouveaux progrès. Ainsi réunies, elles enseignent encore que tous les peuples civilisés marchent d'un pas rapide et que, pour ne pas rester en arrière, il faut redoubler d'efforts.

Les expositions ont donc une incontestable utilité; elles sont un puissant élément de progrès et une source féconde d'étude.

La première exposition universelle a eu lieu à Londres en 1851. A cette époque, sous l'active impulsion de son chef, l'honorable M. Viellot, dont M. le Préfet disait si fort à propos, au concours de Chelles, en 1862, qu'il semblait un patriarche au milieu des siens, le comice de Meaux chargea plusieurs de ses membres de visiter cette exposition et l'agriculture de l'Angleterre. En 1855, à l'exposition universelle de Paris, en 1856 au concours universel agricole, en 1860 à l'exposition nationale d'agriculture, M. de Bourgoing a eu l'heureuse pensée de nommer une Commission à l'effet d'étudier ces différentes exhibitions au point de vue des intérêts du département. Des publications, remarquables à plus d'un titre, ont témoigné en faveur de l'opportunité de ces mesures, et peut-être n'est-ce pas trop prétendre que de dire qu'elles ont contribué à exciter l'émulation et aussi à prémunir contre des engouements irréfléchis.

Après M. de Bourgoing, nous avons eu cette bonne fortune de retrouver dans son successeur, M. le baron de Lassus-Saint-Geniés, un administrateur dont le dévouement aussi actif qu'éclairé ne néglige rien de ce qui peut augmenter la prospérité morale et matérielle de notre beau département.

Convaincu que la nouvelle exposition universelle de Londres, à laquelle se joignait l'important concours universel d'animaux reproducteurs et de machines agricoles installé dans le parc de Battersea, était un champ d'étude d'où nous pouvions tirer d'utiles et féconds enseignements, M. le baron de Lassus a convoqué à la Préfecture les membres de la Commission départementale nommée précédemment pour l'admission des produits, et a chargé cette même commission d'étudier l'exposition anglaise au point de vue des intérêts du département. Inutile d'ajouter que chacun s'est empressé d'apporter son contingent à l'œuvre commune.

Cette Commission a été organisée de la manière suivante :

Président : M. DROUYN DE LHUYS.

PREMIÈRE SECTION.

Meunerie. — Industrie meulière. — Machines. — Chaux, Ciments, Plâtre, Tuyaux, Tuiles et Briques. — Chimie agricole. — Papeterie. — Céramique. — Lin et chanvre. — Tissus. — Peaux et Cuirs. — Instruments de drainage.

Vice-Président : M. JOSSEAU, député.

Membres :

MM. CARRO fils, ingénieur des ponts et chaussées, à Meaux.
DUFAY fils, fabricant de papiers, à Cercanceaux.
DELACROIX, ingénieur des ponts et chaussées, à Coulommiers.
KASTNER, fabricant de tissus imprimés, à Claye.
LAVAURS, membre du Conseil général, maire à Montigny-sur-Loing.

MM. L. DE MAUSSION, adjoint au maire de Coulommiers.
A. PAPILLON, meunier à Fresnes.
Ern. PÉPIN-LEHALLEUR, propriétaire-cultivateur, à Coutençon.
RÉGNARD, ingénieur, à Fontainebleau.
THEUREY, membre du Conseil général, fabricant de meules, à la Ferté-sous-Jouarre.

DEUXIÈME SECTION.

Machines agricoles et Instruments aratoires. — Constructions rurales, — Distilleries.

Vice-Président: M. le Comte de COURCY, membre du Conseil général.

Membres :

MM. le Vicomte de Baulny, propriétaire-cultivateur, à Villeroy.
Chalambel, propriétaire-cultiv[r].
Falcou, membre du Conseil général.

MM. De Haut, président du Comice agricole de Provins.
Michaud, propriétaire.

TROISIÈME SECTION.

Produits agricoles, horticoles et alimentaires. — Engrais naturels et artificiels et Amendements.

Vice-Président : M. le baron de BEAUVERGER, député.

Membres :

MM. Darblay aîné, ancien député, propriétaire-cultivateur, à Noyen.
Decauville (Constant), cultivateur, à Egrenay.
Guibert, cultivateur, à Juilly.

MM. Muret, propriétaire-cultivateur, à Noyen.
Petit (Léon), cultivateur, à Meaux.
D'Huic, cultivateur, à Etrépilly.
Le Roy père, à Meaux.

QUATRIÈME SECTION.

Animaux de travail et de rente.

Vice-Président : M. GAREAU, député.

Membres :

MM. Chertemps, cultivateur, à Rouvray.

Garnot, cultivateur, à Genouilly.

De Mimont, propriétaire, à Lahoussaye.

Le général De Pointe de Gévigny, propriétaire-cultivateur, à Quincy.

MM. Simonet, propriétaire-cultivateur, à Villiers.

Teyssier des Farges, membre et secrétaire de la chambre consultative d'agriculture de Provins.

Vicomte de Valmer, président de la Société d'horticulture de Melun.

CINQUIÈME SECTION.

Instruction primaire.— Beaux-Arts.

Vice-Président : M. le Comte de PONTÉCOULANT, à Meaux.

Membre : M. Carro père.

Les sections ont ensuite nommé leurs rapporteurs.

Après avoir étudié au palais de Kensington et à Battersea les produits et les animaux exposés, et parcouru plusieurs parties de l'Angleterre afin d'examiner sur place les procédés agricoles de nos voisins, les membres de la Commission ont remis leurs notes aux rapporteurs ; chaque section a ensuite entendu séparément les rapports qui la concernaient plus spécialement, puis, afin d'en arrêter la rédaction définitive, la Commission s'est réunie en assemblée générale, à deux reprises différentes, au ministère des affaires étrangères, sous la présidence de Son Exc. M. Drouyn de Lhuys, qui nous donnait ainsi, au milieu de ses importantes et nombreuses occupations, une nouvelle preuve de ce sympathique et éminent concours qu'il n'a jamais cessé d'apporter à tout ce qui peut intéresser le département.

Ce sont ces rapports qui font l'objet de la présente publication. Qu'il nous soit permis d'espérer que, comme leurs aînés, ils ne seront ni sans intérêt ni sans utilité.

Depuis dix ans, grâce à l'active sollicitude de l'Empereur et de son gouvernement, l'agriculture a fait plus de progrès que dans les cinquante années qui ont précédé. Notre département a marché à la tête de ce mouvement. L'histoire rapporte qu'Henri IV, montrant du doigt le chevalier de Crillon à un étranger, lui dit : « Tenez, voilà l'homme le plus brave de mon royaume ; » et que Crillon lui répondit, avec une rudesse militaire bien placée dans le moment : « Sire, vous en avez menti, car c'est vous. » Si nous avions à indiquer quel est le premier département agricole de France, nous montrerions le Nord ; mais celui-ci pourrait, à son tour, nous faire la réponse de Crillon à Henri IV.

Cependant il ne faut pas se dissimuler que nous avons encore beaucoup à faire, et qu'au point où en sont les procédés agricoles, nous pouvons et devons augmenter nos produits, pris en masse, de plus du tiers.

Notre population est laborieuse et économe, nos cultivateurs sont actifs et intelligents, l'absentéisme existe moins en Seine-et-Marne que partout ailleurs : tous, ouvriers, cultivateurs, propriétaires, marchons unis et travaillons. Il ne faut pas seulement être les émules des Anglais, il faut encore les surpasser ; et si, quelque jour, un nouvel Arthur Young parcourt notre contrée, faisons en sorte qu'il puisse saluer les vaillants enfants de la Brie comme les premiers cultivateurs du monde.

L'un des Rapporteurs :

TEYSSIER DES FARGES.

PARIS, IMP. PAUL DUPONT, RUE DE GRENELLE-SAINT-HONORÉ, 45.

cédés agricoles, nous pouvons et devons augmenter nos produits, pris en masse, de plus du tiers.

Notre population est laborieuse et économe, nos cultivateurs sont actifs et intelligents, l'absentéisme existe moins en Seine-et-Marne que partout ailleurs : tous, ouvriers, cultivateurs, propriétaires, marchons unis et travaillons. Il ne faut pas seulement être les émules des Anglais, il faut encore les surpasser ; et si, quelque jour, un nouvel Arthur Young parcourt notre contrée, faisons en sorte qu'il puisse saluer les vaillants enfants de la Brie comme les premiers cultivateurs du monde.

L'un des Rapporteurs :

TEYSSIER DES FARGES.

PREMIÈRE SECTION.

Meunerie. — Industrie meulière. — Machines. — Chaux, Ciments, Plâtre, Tuyaux, Tuiles et Briques. — Chimie agricole. — Papeterie. — Céramique. — Lin et Chanvre. — Tissus. — Peaux et Cuirs. — Instruments de drainage.

Monsieur le Préfet,

Nous venons vous rendre compte des travaux de la première section de la commission départementale appelée par vous, en vertu des instructions de la commission impériale de l'Exposition universelle de Londres, à étudier cette exposition au point de vue des intérêts du département de Seine-et-Marne.

Qu'il nous soit permis tout d'abord, Monsieur le Préfet, de rendre hommage à la haute et féconde pensée qui a institué, au profit de plusieurs départements, ces enquêtes utiles, ces études spéciales destinées à éclairer, à stimuler, sur tous les points de l'empire, l'agriculture, l'industrie, les arts. Cette diffusion si sagement organisée des lumières et des enseignements de toutes sortes qui devaient jaillir du troisième rendez-vous universel de l'industrie humaine ne peut manquer, en pénétrant jusqu'aux derniers rangs du travail, de produire les plus heureux résultats. Grâce à cette variété et à ce vaste ensemble de travaux dirigés en vue des nécessités et des aptitudes locales de chaque région, il n'est pas un de nos agriculteurs, pas un de nos industriels qui ne soit mis à même de tirer de la dernière Exposition de Londres précisément la leçon qu'il y aurait cherchée s'il avait pu se transporter au palais de Kensington.

L'institution des commissions départementales était assurément le meilleur moyen de démêler, de reconnaître et de signaler au milieu d'une si prodigieuse accumulation de richesses naturelles et de chefs-d'œuvre dus à la main de l'homme, ce qui pouvait plus particulièrement intéresser et instruire les habitants de chacune de nos divisions territoriales.

Nous avons été heureux de coopérer à cette œuvre toute nationale ; et ce n'est pas sans un certain sentiment de fierté que nous avons parcouru les immenses galeries de l'Exposition de Londres, l'esprit tout préoccupé des intérêts du département de Seine-et-Marne, dont quelques industries tiennent dans le monde entier une place si importante, sinon par leur éclat, du moins par leur inappréciable utilité.

Nous n'avons pas besoin, d'ailleurs, de faire remarquer combien, dans les conditions nouvelles créées par de récents traités de commerce, il était utile pour nous d'examiner de près et de marquer avec soin les progrès accomplis jusqu'ici par les nations étrangères et la situation exacte des diverses industries chez les peuples nos concurrents en l'année 1862.

C'est dans cet esprit que nous avons abordé la tâche qui nous a été confiée.

Pour mieux la remplir, nous avons réparti entre chacun de nous les matières qui composaient le progamme de la première section.

M. Theurey a rédigé les observations relatives à l'industrie des pierres meulières ; M. Auguste Dufay celles concernant la papeterie et la chimie agricole ; M. Lavaurs a rendu compte de la céramique et des machines; M. A. Papillon de la meunerie ; M. Kastner de l'industrie des tissus ; et M. Delacroix des instruments de drainage et des questions y relatives.

Ce sont les notes que ces honorables collègues ont bien voulu me remettre, qui, jointes aux observations que j'ai moi-même recueillies sur la fabrication de la chaux, sur celle des peaux et cuirs et sur l'industrie du lin et du chanvre, forment les éléments du présent rapport.

Nous l'avons divisé tout naturellement en autant de paragraphes qu'il y a eu d'industries étudiées, à Londres, par les membres de la première section de la commission départementale.

§ I.

MEUNERIE, CONSTRUCTION DES MOULINS, FABRICATION DE LA FARINE.

L'industrie farinière, l'une des premières industries de notre département, est incomplétement représentée à Londres. Tout ce qui concerne la construction des moulins laisse beaucoup à désirer et n'approche pas du degré de perfection que l'on remarque dans d'autres industries.

La mouture des grains est, il est vrai, d'une importance secondaire chez nos voisins, et il est facile de le constater par les produits qu'ils livrent à la consommation; cependant nous croyons avoir le droit d'être surpris que nos constructeurs français ne se soient pas, à l'avance, rendu compte de leur supériorité dans cette partie, et n'aient pas eu l'idée d'exposer, en concurrence avec une multitude de petits moulins et de pièces détachées, un spécimen complet de notre méthode française pour le nettoyage des grains, leur mouture et le blutage des farines. Ce spécimen, nous en sommes convaincu, aurait été infiniment supérieur à presque tout ce que nous avons vu dans ce genre d'industrie; il y aurait fait apprécier l'importance attachée chez nous au travail des blés et les soins apportés pour fabriquer le bon et beau pain que nous aimons tant et qui forme la base première de l'alimentation française.

Examinons séparément et rapidement chacune des parties composant le mécanisme et le matériel servant à fabriquer et à convertir le blé en farine.

1° Mécanisme général. — Le système des petits moulins servant pour une seule exploitation semble très-répandu en Angleterre, si l'on en juge par le grand nombre de constructeurs qui ont exposé des moutures n'ayant qu'un seul tournant avec ou sans la petite bluterie sur le côté; cette bluterie, contenue dans un espace trop étroit, divise mal et rend les produits fabriqués dans un état peu satisfaisant.

Ces petits moulins, ainsi que quelques autres ayant seulement deux paires de meules, sont généralement très-bien construits et laissent peu à désirer comme travail d'ajustage et de fabrication mécanique; le bois y est très-peu employé, et, dans quelques-uns, jusqu'à l'archure même, tout est en tôle, fonte ou fer.

Chez nous, aujourd'hui, on préfère le système des meules gisantes en dessous. Chez les Anglais, l'indécision règne encore; les deux systèmes sont employés suivant le goût de chaque constructeur. Nous avons cru remarquer cependant que le plus grand nombre préfère, comme nous, mettre la courante en dessus et la gisante en dessous.

Chacun de ces petits moulins est garni de son appareil pour lever la meule quand elle a besoin d'être rhabillée. L'appareil se compose le plus souvent d'une tige cintrée en fer adaptée au bâti, à l'extrémité de laquelle est une douille filetée pour le passage de la vis supportant le cercle en fer qui doit embrasser la meule.

Nous n'avons rien vu, dans le palais de Kensington, qui nous indiquât que les meules verticales employées dans quelques usines de notre département, et notamment à Meaux, pour la fabrication des gruaux, fussent employées ou seulement connues en Angleterre.

2° Nettoyage. — Les nettoyages anglais, au moins à en juger par ce que l'on voit à l'Exposition, sont beaucoup moins complets et moins énergiques que les nôtres. Généralement ils se composent d'une seule colonne, d'un seul ventilateur et d'un seul crible. Par là l'opération est beaucoup simplifiée, il est vrai; mais on ne peut de cette manière obtenir un travail parfait, parce que la pression et la puissance nécessaires à une seule colonne pour nettoyer convenablement le blé suffiraient aussi à le briser, et le bon grain cassé s'en irait aux criblures. Il est donc nécessaire de reprendre le blé dans plusieurs colonnes, cribles et ventilateurs, afin de n'employer chaque fois que la force suffisante pour le gratter et le nettoyer sans le briser.

Un seul nettoyage, exposé dans la section belge, se rapproche beaucoup de ceux que l'on emploie aux environs de Paris et semble remplir à peu près toutes les conditions désirables pour rendre le grain propre à la mouture; mais il n'est pas assez parfait pour diminuer nos regrets de n'avoir pas vu nos constructeurs se piquer d'émulation et rivaliser avec nos voisins.

Les colonnes anglaises sont cônes ou cylindriques, et là, comme ici, on ne semble pas avoir pensé qu'une forme vaille mieux que l'autre; la tôle râpe est remplacée par un treillis mécanique en fil de fer assez fort. Cette méthode doit avoir plus de durée; mais à coup sûr elle a moins d'énergie; car les aspérités sont moins graveleuses et ont moins de travail que la tôle piquée.

On ne voit pas, à l'Exposition, de trayeurs de moulins pour les graines sphéroïdales ou aplaties; cela tient sans doute à ce que les blés livrés au commerce y sont moins engagés, ou plutôt à ce que les fabricants tiennent moins qu'ici à la beauté de leurs produits.

Tout le monde sait, du reste, que, surtout à Londres, quand les boulangers veulent blanchir la farine, ils emploient de l'alun ou d'autres substances. Ces substances sont toujours proportionnées à la mauvaise qualité de la farine qu'elles doivent blanchir; de cette façon, le pain le plus indigeste a la même apparence que le pain le meilleur.

3° Meules. — Il sera parlé § 2 de cette partie si importante dans la construction des moulins. Rappelons seulement ici que les meules servant à moudre le grain sont le plus souvent françaises par l'origine de leur pierre et quelquefois par leur fabrication; l'Angleterre ne produit que de la pierre trop pleine, qui laisse beaucoup à désirer, et qui ne remplace qu'imparfaitement celle de la France, surtout celle de notre département.

Le rhabillage est, comme le nôtre, variable suivant la pierre et la mouture et se rapproche beaucoup de celui que nous employons.

4° Bluteries. — Les bluteries ne sont pas bien représentées. Les gravures seules des catalogues en donnent une idée; quelques-unes ressemblent aux nôtres, mais le plus grand nombre a une inclinaison plus grande dans le coffre, et souvent la soie est remplacée par de la tôle perforée et du treillis en fil de fer.

Plusieurs maisons françaises ont exposé de fort belles soies pour la division des farines et des gruaux.

Les cuvettes de chaînes à godets sont le plus souvent en fonte et les godets en fer-blanc.

Les chaînes horizontales (ou chemins pour mener la *boulange*) sont munies à l'une de leurs extrémités d'un appareil formé d'une vis mue par un petit volant à main, pour tendre, sans arrêter ni découdre, les courroies ou tissus. Ce dernier moyen est très-bon et paraît destiné à se propager.

5° Courroies. — Les courroies laissent peu à désirer et beaucoup de fabricants français ont envoyé à Londres des échantillons magnifiques de leur fabrication. Nous avons trouvé cette branche parfaitement représentée à l'Exposition.

6° Silos. — Les silos de différents systèmes forment une collection curieuse, mais tous ont l'inconvénient d'occasionner une dépense en disproportion avec les avantages incontestables qu'ils offrent pour la conservation des grains.

7° Pétrins. — Les pétrins mécaniques sont assez nombreux et les fabricants français, MM. Rolland, Dorez et Drouot semblent avoir présenté les meilleurs modèles.

8° Médailles. — Un grand nombre de nos principaux fabricants fournissant Paris de bonnes farines ou de bons gruaux ont présenté des échantillons de leurs produits ; ces échantillons, aussi beaux que possible, ont naturellement obtenu les récompenses qu'ils méritaient.

Le département de Seine-et-Marne, dignement représenté par quelques-uns de ses bons fabricants, a obtenu plusieurs médailles, savoir : MM. A. Leblanc et Marnat-Solenne, chacun une médaille; M. Prouharam, une mention honorable.

§ II.

INDUSTRIE MEULIÈRE.

L'industrie meulière, sœur de la meunerie, occupe à côté d'elle un rang distingué, pour la fabrication des produits de première nécessité.

Aussi vingt-neuf exposants de tous pays ont-ils envoyé à l'Exposition de Londres chacun une ou plusieurs meules et des échantillons préparés de leurs pierres meulières.

Dans ce nombre figurent la France pour dix-sept exposants, l'Angleterre pour six, la Belgique, la Grèce, le Hanovre, la Hongrie, la Prusse et la Saxe, chacun pour un exposant.

Sur les dix-sept exposants français, la ville de La Ferté-sous-Jouarre (Seine-et-Marne) en compte à elle seule près de la moitié. Le reste se divise entre la Dordogne, Eure-et-Loir, la Gironde, Indre-et-Loire et la Sarthe.

On ne peut préciser de date certaine à la découverte du silex meulière de La Ferté-sous-Jouarre. Des titres, remontant à plus de 400 ans, établissent que des exploitations de meules y étaient faites ; mais pendant de longues années cette industrie ne prit aucun développement. Ce n'est que vers 1750 que la supériorité des pierres siliceuses de La Ferté commençant à se faire connaître, leur usage s'est étendu de plus en plus, et qu'un commerce régulier s'est établi.

Dès lors, la réputation du silex de La Ferté-sous-Jouarre n'a fait que grandir en France. L'Angleterre, puis l'Amérique l'ont adopté, et, depuis quarante ans environ, l'industrie meulière y a pris une telle importance, qu'il est permis de dire que non-seulement toute l'Europe, mais encore le nouveau monde, sont aujourd'hui ses tributaires.

On comprend que cette heureuse position ait dû susciter bien des rivales aux carrières de La Ferté-sous-Jouarre. En effet, des recherches furent faites, des essais plus ou moins heureux furent tentés en France et à l'étranger pour découvrir de semblables pierres précieuses, et ce sont en grande partie les produits de ces recherches qui figurent au palais de l'Exposition.

Examinons donc les échantillons de pierres de toute provenance qui s'y trouvent ; il sera facile de se rendre compte des différences qui existent dans ces diverses natures de roches siliceuses.

Silex meulière de La Ferté-sous-Jouarre (Seine-et-Marne). — Ce silex présente une infinité d'aspérités parfaitement disposées, ressemblant à une série de petits taillants à lames fines ; ce qui fait dire que la pierre de La Ferté est vive, ardente et ouvrière.

Elle a surtout le mérite de prendre bien le marteau, de conserver plus longtemps sa rhabillure et de faire des farines plus blanches qu'aucune autre pierre rivale.

Silex de la Dordogne. — Ce silex est régulier, mais on reconnaît que les molécules ne présentent pas de taillants aigus. Les angles sont arrondis et n'offrent pas de résistance au travail.

Silex d'Eure-et-Loir. — Pierre courte et généralement sans vivacité. Elle est régulière, elle flatte l'œil, mais elle est plus propre à la mouture des corps durs que des blés. Ces bas prix lui donnent une certaine vogue à l'étranger.

Silex de la Gironde. — Mêmes observations que pour celui de la Dordogne, avec lequel il a beaucoup d'analogie.

Silex d'Indre-et-Loire. — Pierre douce, sans vivacité et sans nerf ; elle se lisse au travail et ne tient pas sa rhabillure.

Silex de la Sarthe. — Ce silex ne présente pas la même texture que celui de La Ferté. Les molécules ne forment pas de taillants naturels aussi bien disposés, et ce n'est qu'à l'aide du marteau qu'on donne l'éveillure à cette pierre. Ce silex est régulier, il plaît à l'œil et il s'est fait une certaine réputation en Angleterre, où l'on tient moins qu'en France à avoir des farines blanches.

SILEX D'ANGLETERRE. — Les six exposants anglais n'ont tous mis à l'Exposition que des meules composées de pierres de provenance française. Elles ne doivent donc y figurer que comme importation, et c'est assurément la meilleure manière de reconnaître la supériorité du silex de France sur tous les autres.

SILEX DE BELGIQUE.—Ce silex ne peut être comparé aux belles pierres meulières de France. Il manque de régularité et d'homogénéité. Il ne présente pour ainsi dire aucune vivacité. Il se laisse facilement polir.

Les meules fabriquées avec ce silex exigent un fréquent rhabillage et font peu de travail.

On a cherché à leur donner de la vogue à l'étranger ; mais ces meules, même en Belgique, sont remplacées généralement dans les principaux moulins par celles de La Ferté.

SILEX DE HONGRIE. — Pierre rougeâtre plus poreuse que celle de Belgique, et ayant encore moins de vivacité. Elle ne tient pas sa rhabillure.

ROCHES VOLCANIQUES D'ANDERNACH. — A défaut de pierres meulières, on se sert dans certaines localités voisines des bords du Rhin, des pierres provenant d'une roche volcanique poreuse. Mais cette roche ne possède aucune des qualités requises par la meunerie ; car à l'usage les pores se remplissent facilement de farine, et la surface, qui devient polie, ne possède pour ainsi dire plus aucune qualité mordante sur le blé.

Ces observations s'appliquent aux pierres de roches volcaniques de la Grèce.

GRÈS ET GRANITS. — Enfin dans le Hanovre et dans d'autres contrées (nous n'osons pas dire dans certains départements de la France même, très-arriérés pour la mouture), on se sert de meules fabriquées avec des pierres de grès ou de granit. Ces meules, malgré leur très-forte épaisseur, s'usent extrêmement vite; car les grès et les granits se désagrégent facilement. Elles n'offrent donc d'autre avantage que celui de permettre aux meuniers qui les emploient de mélanger ainsi avec les farines du sable fin qui n'est bon qu'à donner au pain des effets nuisibles.

L'Italie et l'Espagne, qui n'ont pas exposé de pierres meulières, font aussi usage de meules de granit ou de grès; mais dans ses contrées, comme dans toute l'Allemagne, et particulièrement en Prusse, tous les moulins bien montés mettent de côté les pierres de grès, de granit et de roches volcaniques pour adopter les meules de La Ferté-sous-Jouarre.

A l'appui de ces observations nous mettrons les lignes suivantes empruntées à la *Revue des sciences* :

« A vingt kilomètres à l'est de Meaux en Brie, et dans la vallée de « la Marne, se trouve une petite ville, qui compte quatre mille habi- « tants environ : c'est La Ferté-sous-Jouarre, célèbre de temps immé- « morial par ses gisements de pierres meulières. Il existe bien en « France, en Allemagne, en Italie, etc., etc., des carrières d'ou l'on tire « la pierre qui sert à moudre les céréales; mais les produits ne peuvent « soutenir la moindre concurrence ni la moindre comparaison avec « ceux de la vallée de la Marne. Ainsi, sur les bords du Rhin, la fa- « meuse lave de Nieder-Mendig, près d'Andernach, sert seule à la « fabrication des meules de moulins; en Sicile et en Calabre, ce sont les « laves poreuses de l'Etna ; en Piémont, les laves talqueuses avec gre- « nat; ailleurs, des granits et même des grès. »

« Le plateau de La Ferté-sous-Jouarre, dit le naturaliste Lucas, est « depuis longtemps renommé pour les exploitations de pierres meulières. « Il s'étend jusqu'à Epernay et Montmirail. La meulière de ce plateau « repose sur le calcaire grossier marin, qui est recouvert dans quelques « points par des marnes gypseuses et par des bancs de gypse.

« Le milieu du plateau est composé d'un banc de sable ferrugineux « d'une extrême puissance. C'est dans cet amas qu'on trouve les meu- « lières sans rivales en Europe. »

Ces appréciations diverses viennent en quelque sorte d'être confirmées par le jury de l'Exposition de Londres.

Deux médailles et trois mentions honorables ont été décernées à l'industrie meulière de La Ferté-sous-Jouarre : les médailles à MM. Dupety-Theurey-Gueuvin, Bouchon et Ce, et Gaillard-Petit et Halbou ; les mentions honorables à MM. Bailly et Ce, Gilquin et Roger.

§ III.

MACHINES.

Pour notre département, essentiellement agricole, ce sont surtout les machines servant à l'agriculture qui méritent un intérêt spécial.

De plus habiles et de plus compétents que nous ont bien voulu se charger de cette étude.

Peu industriel, ne fabricant pas de machines, n'en utilisant qu'un nombre relativement restreint, le département de Seine-et-Marne n'aurait qu'un intérêt secondaire dans l'examen de cette section de l'Exposition, si tous les genres de progrès n'étaient plus ou moins tributaires de la grande industrie des machines, sans laquelle les expositions universelles elles-mêmes ne sauraient exister.

Sans dépasser les limites restreintes que doit avoir notre rapport, nous dirons donc un mot de ces puissantes machines qui, depuis leur découverte, ont plus que décuplé la fortune publique.

Au point de vue général, on ne saurait citer aucune invention sérieuse depuis 1855. Les quelques essais tentés depuis cette époque, annoncés quelquefois avec fracas comme devant produire une révolution radicale, n'ont pas encore fait leurs preuves ; et pour nous, nous croyons que, de longtemps, rien ne remplacera la vapeur d'eau, qui, indépendamment de sa force illimitée, présente l'avantage de produire son graissage naturel, son espèce de salive (qu'on nous permette cette expression), favorisant les glissements intérieurs et prévenant tous grippements destructeurs.

Si rien de saillant comme découverte essentielle ne s'est produit depuis sept ans pour les machines, il est juste au moins de reconnaître que les constructeurs de tous les pays se sont étudiés à perfectionner leurs productions, et que chaque peuple a tenu grand compte des conditions dans lesquelles il se trouve placé.

Ainsi l'Angleterre, riche en combustible, peu préoccupée de la question économique sous ce rapport, produit généralement des machines industrielles à détente fixe, robustes, mais dépensant beaucoup de charbon et laissant à désirer sous le rapport des formes.

Le continent, au contraire (la France plus particulièrement), s'est étudié à trouver les moyens de réduire la consommation du combustible, et cette différence que nous signalons ne s'applique pas seulement aux machines fixes; on la retrouve également, en principe du moins, dans les machines pour la marine, comme dans les machines à traction sur voies ferrées.

Machines pour la marine.

Aujourd'hui, plus encore que par le passé, la plus grande attention de l'Angleterre semble se porter sur les appareils de navigation. Les plus habiles constructeurs anglais, entre autres MM. Leard, Mansdelay fils, John Peen, ont exposé dans le palais de Kensington des machines vraiment admirables.

Tous se sont attachés à diminuer autant que possible la place réservée au mécanisme ; mais ici, comme pour les machines fixes, on s'est trop peu inquiété des moyens d'économiser le combustible. Cependant, si nous ne nous trompons, ce défaut ou cet inconvénient est double dans une question touchant à la navigation. Non-seulement il entraîne à une dépense supplémentaire toujours bonne à ménager quelque riche qu'on soit, mais encore il oblige à un approvisionnement plus considérable qui réduit d'autant l'espace libre, si précieux dans les longs voyages.

L'Angleterre, d'ailleurs, dans cette sous-section des machines pour la marine, est restée à peu près sans concurrents. Le continent n'a fourni que quatre exposants, dont deux français : M. Nylus, du Havre, et la compagnie des forges et chantiers de la Méditerranée.

La machine de M. Nylus, à deux cylindres oscillants, ne paraît être qu'une copie du système Peen : c'est la reproduction des machines employées dans la plupart des bateaux qui desservent la Tamise.

Dans l'appareil présenté par la compagnie des forges et chantiers de la Méditerranée on reconnaît le soin particulier qu'ont pris les ingénieurs de réduire, autant que possible, la dépense du charbon.

Étudié avec soin, exécuté avec une grande perfection, cet appareil a peut-être le défaut d'être trop compliqué dans son ensemble et dans ses détails, et de présenter quelques difficultés dans les manœuvres.

Il est à regretter que nos premiers établissements en ce genre de machines aient cru devoir s'abstenir. Si la maison Mazeline, du Havre, si la compagnie du Creusot s'étaient présentées au concours, le triomphe des Anglais, croyons-nous, eût été moins certain.

Locomotives.

A part l'innovation introduite par M. Ramsbotton (1), l'Exposition de 1862, pas plus que celles de 1851 et 1855, ne présente aucune invention réelle, aucune transformation radicale ; mais si le système de construction n'a subi aucun changement essentiel, on doit reconnaître que, dans cette sous-section, comme dans les machines fixes et dans les appareils de navigation, les constructeurs de tous les pays ont apporté à leur travail d'exécution un soin, un fini qu'on ne remarquait pas dans les concours précédents.

Les locomotives anglaises, comme celles de la France, de l'Allemagne et de la Belgique, sont traitées avec une grande perfection : mais chez nos voisins d'outre-Manche le système est resté le même avec les cylindres et le mécanisme à l'intérieur.

---

(1) Le système de M. Ramsbotton consiste à prendre en route et sans temps d'arrêt, dans des réservoirs placés de distance en distance, entre les deux rails de la voie, l'eau nécessaire à l'alimentation de la machine.

Nous ne voudrions pas nous prononcer sur le mérite réel de cette innovation. Nous croyons cependant, sans parler de plusieurs autres inconvéniens, que les plus grandes difficultés d'un bon entretien ne sont pas suffisamment compensées par l'économie de quelques minutes sur un trajet donné.

En France, au contraire, nos ingénieurs ont introduit de notables modifications, surtout dans la construction des machines à marchandises.

La compagnie d'Orléans, la maison Cail, la compagnie du Nord ont exposé des locomotives qui attirent, à juste titre, l'admiration des véritables connaisseurs.

Ces machines démontrent suffisamment que chez nous le progrès se continue et que nos constructeurs étudient chaque jour les moyens de perfectionner, sous le double rapport de la force et de l'économie, ces puissants instruments de richesse et de civilisation.

Il y a vingt ans à peine, la France demandait à l'Angleterre la plus grande partie de son matériel d'exploitation. Aujourd'hui, sur quatre à cinq mille locomotives qui desservent nos chemins de fer, peu ou pas du tout sont d'origine anglaise.

A l'étranger même, en Espagne, en Italie, en Russie, les machines françaises sont généralement plus estimées, plus recherchées. C'est qu'indépendamment de l'excellence de la fabrication, nous sommes parvenus à produire à des prix aussi bas que les bons fabricants anglais, les Sharp Steward, les Fairbairn, les Stephenson.

Un progrès aussi rapide et aussi complet, dans une industrie qui exerce sur toutes les autres industries une influence considérable, dans une industrie où notre pauvreté relative en combustible et en matière première semblait nous condamner à une infériorité certaine, doit rassurer les plus timides et leur donner confiance dans les conséquences du traité de commerce.

Nous ne voulons pas dire pour cela que la France sera supérieure à tous et en tout.

La nature a doté les nations de richesses naturelles qui ne sont pas partout les mêmes : le besoin de faire valoir ces richesses différentes a fait aux hommes des aptitudes différentes.

Quoi que nous fassions, nous devrons donc toujours rechercher chez nos voisins ce que nous ne saurions produire à conditions égales de prix et de qualité. Mais qu'importe que nous demandions à l'Angleterre ou à la Belgique le double ou le triple de ce qu'elles nous livraient avant

1860, si, de notre côté, nous leur fournissons trois ou quatre fois ce que nous leur fournissions avant cette même époque ?

Les échanges sont la vie du commerce et le commerce fait la fortune des États.

Le peuple qui fermerait ses frontières par des barrières prohibitives, à l'entrée comme à la sortie, serait bientôt le plus pauvre des peuples.

---

§ IV.

CHAUX, CIMENTS, PLATRE, TUYAUX, TUILES ET BRIQUES.

L'appréciation et la comparaison de ces produits, à l'Exposition de Londres, est assez difficile, par la raison qu'ils n'y figurent qu'à l'état de spécimens ou d'échantillons. C'est donc beaucoup plus dans les renseignements recueillis que dans l'examen des objets exposés que nous avons trouvé la matière des observations suivantes.

Les exposants français de ces catégories sont au nombre de 25. Ils sont répartis dans trois classes différentes. Il s'en trouve dans la première, dans la troisième et dans la dixième classe.

La première classe (produits des mines, des carrières et des usines métallurgiques) a cinq exposants.

La chambre de Commerce de Chambéry-Savoie a exposé des spécimens de marbres, minerais et ciments. MM. Formaty et Ce, de Périgueux (Dordogne), ont exposé un spécimen de chaux hydraulique.

M. le docteur Guérin, de Paris (Seine), a exposé des marnes, des ciments et un nouveau plan de fours à chaux.

M. Liénart, de Mortcerf (Seine-et-Marne), a présenté un ensemble de spécimens qui nous a paru complet. Il est accompagné d'une notice explicative indiquant les types suivans :

1° Types de chaux grasse pour produits chimiques et pour constructions;

2° Types de pierres à chaux grasse (carbonate de chaux);

3° Types de chaux hydraulique artificielle, dite de double cuisson, cuite au bois;

4° Mêmes types de chaux cuite à la houille, fabriquée par un procédé breveté, annonçant 50 p. 0/0 d'économie sur l'ancien procédé;

5° Même chaux, même procédé, mais dosée, dit-on, de façon à pouvoir résister à l'eau de mer;

6° Chaux grasse pour amendement, annoncée comme coûtant de 0,75 à 1 fr. l'hectolitre;

7° Types de chaux hydraulique durcie dans l'eau et essayée sous l'aiguille Vicat;

8° Types de vieux mortiers de chaux hydrauliques de Mortcerf;

9° Types de ciment calcaire artificiel, découvert et fabriqué à Mortcerf;

10° Types de marnes argilo-calcaires servant à la fabrication de la chaux hydraulique et du ciment;

11° et 12° deux tuyaux pour conduite d'eau, fabriqués en chaux hydraulique et ciment.

M. Parquin, de Chelles (Seine-et-Marne), a exposé un modèle de moulin à plâtre et des plâtres moulus. Voici à ce sujet ce qu'on lit dans le n° 28 du journal l'*Institut polytechnique* :

« Le moulin de M. Parquin pulvérise 6,000 kilos de plâtre par « heure. Le poids des meules est calculé de manière à n'écraser « que le plâtre bien cuit. Ces meules, grâce à une brisure faite à « l'essieu, passent, sans les écraser, sur les corps durs et nuisibles. « La simplicité du mécanisme permet de faciles réparations. Il suffit « enfin d'une machine de 12 chevaux pour faire mouvoir quatre « moulins. »

La troisième classe comprend deux exposants.

La maison Mosselmann et Ce, société chaufournière de l'Ouest, a exposé de la chaux en pierre et de la chaux en farine, cette dernière comme base d'amendement. Puis vient la Société d'agriculture des sciences et des arts de la Sarthe, qui, dans son exposition collective, fait figurer des spécimens de marnes et de chaux.

La dixième classe compte 18 exposants : c'est la classe des constructions civiles.

Nous citerons d'abord M. Ferrary, de Grenoble (Isère), MM. Arnaud-Vendre et Carrière, père et fils, de la Porte de France, MM. Lingée et Ce, du bassin de Paris, MM. Algond frères, Dupuis de Bordeet Ce, de Grenoble, Agombart, de Saint-Quentin, veuve Bigot-Duval, de la Mancelière, etc., qui ont exposé de beaux spécimens de tuyaux, ciments et constructions.

Nous citerons, enfin, M. Fontenelle, de Paris, qui a exposé un échantillon du spécimen qui a servi à la construction du dallage de la Sainte-Chapelle et un morceau de ce dallage.

L'industrie de la céramique ordinaire, briques et tuiles a aussi des représentants sérieux.

Nous avons remarqué avec intérêt des carreaux et lucarnes de pierre factice provenant de l'usine de M. Soyer, de Mareuil-lès-Meaux (Seine-et-Marne).

Les briques réfractaires sont représentées par les divers fabricants dont les noms suivent : MM. David, à Uzès (Gard); Trouillet, à Sens (Yonne); Compagnie Parisienne d'éclairage et de chauffage par le gaz; Duprat, à Canéjan (Gironde); veuve Rosier et Baroche, à Tain (Drôme), et Vieillard et Ce, à Bordeaux (Gironde).

Cette fabrication est depuis longtemps à la hauteur de la réputation anglaise, dont les produits ont atteint le degré désirable de qualité qu'exigeaient les consommateurs ; cependant il ne serait réellement possible de reconnaître qu'à l'emploi lequel des exposants fabrique le meilleur produit.

Nous ne pouvons passer sous silence les exposants de tuiles, briques ordinaires et tuyaux de drainage, parmi lesquels nous avons vu figurer avec plaisir M. Gastellier, de Montanglaust, près Coulommiers (Seine-et-Marne), qui a exposé des briques comprimées par la presse Breton, des tuyaux de drainage, des briques creuses, des carreaux mosaïques, des tuiles à double crochet, des tuiles à emboîtement latéral et à recouvrement.

Parmi les vingt-cinq exposants français dans les catégories dont nous venons d'indiquer les produits, quatre appartiennent à notre département. Trois d'entre eux surtout le représentent honorablement au point de vue du développement et du progrès : M. Parquin, pour les plâtres ; M. Gastellier, de Montanglaust, pour sa collection de briques, carreaux et tuyaux, et M. Liénart, de Mortcerf, dont la collection de spécimens de chaux grasse et hydraulique, marnes, ciments, tuyaux en ciment, chaux d'engrais, était assurément la plus complète et la plus avancée de sa catégorie au point de vue de l'économie. Les améliorations que cet industriel a apportées et qu'il apporte chaque jour à ces diverses branches d'industrie sont dignes d'attention et bien propres à augmenter encore la réputation des chaux grasses et hydrauliques de Mortcerf dont l'emploi est répandu depuis longues années dans le département.

Elles consistent dans les points suivants :

1° Construction de fours à chaux grasse à la houille, à feu continu, ne dépensant, dit-on, que 3 à 4 francs de combustible par mètre, au lieu de 24 francs de bourrées que consommaient les anciens fours ; ce qui permettrait d'abaisser au-dessous de 35 francs le mètre cube de chaux grasse de première qualité, et de faire deux autres qualités, l'une à 15 francs pour bâtir, l'autre à 10 francs pour la culture ;

2° Système breveté de fabrication de chaux hydraulique artificielle à double cuisson, qui permet de fabriquer, par un moyen simple, en quantité illimitée et en toute saison, des chaux hydrauliques de première qualité, résistant à l'eau de mer, et dont le prix de revient, assure-t-on, ne dépasse pas 20 francs le mètre cube ;

3° Transformation du mode de calcination des anciens fours au bois brûlant aujourd'hui de la houille, au moyen d'un appareil mobile et d'une grille fixe ; ce qui procure, dit le fabricant, le moyen de calciner un mètre cube de chaux hydraulique pour 4 francs de houille, au lieu de 16 francs de bois en bourrées ;

4° Perfectionnement dans le mélange des matières propres à former de bons ciments calcaires artificiels dits *Portland* ;

5° Installation d'une fabrique de tuyaux en chaux hydraulique et ciment calcaire de Mortcerf, pour aqueducs, buses, conduites d'eau, drainage, et d'un atelier pour les travaux en ciment, tels que trottoirs, bassins, etc.

Tels sont les titres avec lesquels M. Liénart se présentait à Londres.

Nous regrettons que ses produits soient arrivés à l'Exposition dans un tel état, et qu'ils aient été placés de telle façon qu'ils ont échappé à l'attention du jury. Il est à regretter surtout que ce fabricant n'ait pas pu aller lui-même développer ses moyens d'action et ses procédés économiques. Il y a lieu de croire qu'il eût obtenu la récompense à laquelle il nous semblait avoir droit.

Nous ne terminerons pas cette partie de notre rapport sans consigner ici quelques réflexions que nous croyons utiles dans l'intérêt de notre département.

La chaux grasse s'emploie pour les constructions, les produits chimiques, tels que chlorure de calcium, stéarine, fabrication de couleurs, la papeterie, la tannerie et la mégisserie, le gaz hydrogène, et pour l'agriculture comme amendement. La pureté de la chaux dépend de la nature de la pierre et du mode de calcination.

Dans les grands travaux de construction de ponts, viaducs et tunnels, la chaux grasse a dû céder la place à la chaux hydraulique qui a la propriété de durcir sous l'eau et à l'humidité. Les travaux de maçonnerie en bâtiment ouvrent encore un débouché aux chaux grasses; néanmoins les plâtres, quoique donnant des résultats bien inférieurs au point de vue de la salubrité, leur font une grande concurrence.

Mais si l'emploi de la chaux grasse tend à diminuer pour les constructions, un autre débouché lui est ouvert qui peut lui permettre de tripler sa production : c'est l'agriculture. En effet, l'emploi de la chaux grasse comme amendement du sol a produit des résultats tellement avantageux dans d'autres départements, que M. le Ministre de l'agriculture les a mentionnés dans son rapport sur les comices départementaux ; et si dans notre département l'usage de la chaux, appliquée à la culture, a été jusqu'à ce jour si restreint, cela a tenu à la cherté du produit et à l'incertitude où l'on était de pouvoir s'en procurer facilement des quantités suffisantes; aujourd'hui ces deux raisons n'existent plus, au même degré du moins; car d'un côté les chemins de fer facilitent les transports, et, d'un autre côté, quelques-uns de nos fabricants ont établi des prix à la portée des consommateurs. Nous ne saurions donc trop engager les cultivateurs si intelligents de notre département à employer cet amendement dans les terres où il peut donner de bons résultats.

En résumé, félicitons-nous de ce que notre département est si richement doté en matières premières pour la fabrication des chaux grasses, des chaux hydrauliques, des plâtres et des ciments calcaires. Espérons aussi qu'au moyen des encouragements accordés aux fabricants qui donnent l'exemple des améliorations et du bon marché sans nuire à la qualité, la consommation et la production augmenteront, et que l'agriculture, de même que l'art des constructions, en retirera de très-grands avantages.

§ V.

CHIMIE AGRICOLE.

La chimie appliquée à l'agriculture est une source féconde où doivent puiser avec fruit les nombreux agriculteurs qui, dans le département de Seine-et-Marne, ont adjoint des fabriques de sucre ou des distilleries à leurs fermes.

Nous pensons qu'il n'est pas sans utilité de mettre sous leurs yeux l'énumération des substances que l'on peut tirer de la betterave et celle des divers états auxquels on la réduit elle-même pour la transformer en sucre ou en alcool.

Cette nomenclature nous est fournie par la belle exposition de MM. Serret, Hamoir et Duquesne, de Valenciennes, qui ont tiré de leurs usines la série complète d'échantillons suivante :

1° Cossettes ou betteraves desséchées, dont la blancheur témoigne en faveur des moyens employés pour les obtenir.

2° Sucre brut résultant du travail de la cossette par l'alcool,
3° Sucre clairce résultant également du travail de la cossette et par l'alcool.
} Tous deux remarquables aussi bien par leur bonne qualité que par leur nuance. Ils accusent au saccharimètre l'un 97 et l'autre 99 degrés.

4° Mélasse au titre de 40 degrés de l'aréomètre Beaumé, propre à la distillation.

5° Alcool de mélasse, goût fin, marquant 95 degrés.

6° Vinasse, ou résidu concentré de la distillation des mélasses. (Préparation pour la fabrication de la potasse et de la soude.)

7° Potasse brute, ou vinasse incinérée, produit transitoire désigné sous le nom de salins.

8° Potasse parfaitement épurée pour cristalleries, au titre de 70 degrés alcalimétriques.

9° Soude brute, produit transitoire.

10° Soude raffinée au titre de 90 degrés alcalimétriques.

11° Muriate brut de potasse, produit transitoire.
12° Muriate raffiné de potasse.
13° Sulfate brut de potasse, produit transitoire.
14° Sulfate raffiné de potasse servant à la production du carbonate de potasse.
15° Boues de potasse pour engrais.
16° Boues de potasse brûlées pour verreries.
17° Cossettes épuisées et redesséchées applicables à la fabrication du papier. Nous ne connaissons point le résultat donné dans la pratique par l'emploi de ces filaments, ou mieux de ce tissu végétal en papeterie, mais MM. Serret, Hamont et Duquesne affirment qu'il a été très-satisfaisant, et nous enregistrons volontiers leur déclaration.
18° Alcool mauvais goût, au titre de 94 degrés, utilisé pour la fabrication des vernis, etc.
19° Alcool de betterave *verte*, goût fin, au titre de 95 degrés.
20° Alcool de betterave sèche, goût fin, au titre de 95 degrés.
21° Résidu de macération de betteraves *vertes*. } Ces résidus forment une nourriture pour bestiaux dont on fait grand cas en agriculture.
22° Résidu de macération de betteraves *sèches*. }

Aux renseignements qui précèdent nous ajouterons l'indication de deux faits entièrement nouveaux.

Des chimistes français ont découvert que les toisons de mouton lavées à l'eau ordinaire laissent dissoudre des matières qui peuvent fournir, après l'évaporation de l'eau et la calcination, une grande quantité de potasse.

M. Deiss a employé le sulfure de carbone pour retirer des tourteaux d'olives ou des semences oléagineuses l'huile dont les tourteaux sont encore imprégnés.

Il possède un appareil où l'opération se fait sans perte de sulfure de carbone.

L'exposition de M. Ménier, dont l'usine est située à Noisiel, canton de Lagny, devait naturellement attirer notre attention.

Nous connaissions la position élevée qu'occupe en France M. Ménier comme fabricant de produits chimiques employés en médecine, et nous n'avons pas été surpris en voyant avec quel degré de perfection étaient préparés les échantillons qu'il exposait, et parmi lesquels on pouvait citer : les matières cristallisées extraites de l'opium, la morphine, la codéine, la narcotine, celles tirées de la noix vomique, qui sont la strychnine, la brucine et l'igasurine, enfin l'atropine due à la belladone et tant d'autres.

Mais ce qui nous a le plus frappés, c'est l'alcool fabriqué dans le laboratoire en combinant directement le gaz hydrogène bi-carboné avec les éléments de l'eau.

Le procédé pour l'obtenir a été découvert par M. Berthelot, chimiste, qui a ouvert une nouvelle voie en montrant que la chimie peut aspirer à reconstituer les corps organiques par la synthèse, aussi bien qu'elle sépare leurs éléments par l'analyse.

Les alcools exposés par M. Dehaynin et qui sortent de son usine des Corbins, près Lagny, étaient compris dans l'exposition collective du département de Seine-et-Marne. Cette circonstance a été fâcheuse pour M. Dehaynin en ce que le jury des produits agricoles les a seulement examinés, sans leur attribuer la récompense qu'ils paraissaient mériter, les considérant comme du ressort du jury des spiritueux, et que celui-ci ne les a point examinés, par la raison qu'ils étaient confondus avec les autres produits agricoles.

---

§ VI.

PAPETERIE.

Le département de Seine-et-Marne est riche en papeteries importantes : il était donc nécessaire d'étudier à Londres les machines à papier qui étaient exposées. Nous y avons apporté toute notre attention, afin de signaler aux chefs des ateliers de notre département non-seulement les découvertes nouvelles, mais encore ceux des procédés connus qui sont préférés par les fabricants anglais.

On comptait, dans l'annexe du palais de Kensington, quatre machines, dont deux anglaises et deux envoyées par la Belgique.

La première était de MM. Donking et Ce. L'exécution mécanique de toutes les pièces témoignait d'un grand soin ; mais nous avons plutôt constaté un luxe de dépenses que d'ingénieuses dispositions.

Toutefois, nous reconnaîtrons que le mécanisme qui commande l'épurateur n'a plus le vice capital de compromettre la pureté des pâtes ; mais il nous a paru coûteux et compliqué.

Nous avons aussi remarqué les rouleaux égoutteurs placés au-dessus des caisses à air, sur la toile métallique. Leur construction, quoique remontant à une époque assez éloignée, n'est guère usuelle en France : elle est cependant assez bien conçue, et nous en dirons quelques mots.

On évide une forte feuille de cuivre rouge sur ses deux faces par des sillons parallèles qui atteignent sa demi-épaisseur et forment une sorte de tamis quadrillé ; puis on roule cette feuille en cylindre et on la recouvre d'une toile métallique. L'arbre en fer qui forme habituellement l'axe est supprimé ; les deux tourillons sont reliés à chaque extrémité du cylindre par une croix en bronze.

La seconde machine anglaise sort des ateliers de M. Bertram, mécanicien à Édimbourg : c'est assurément celle qui l'emporte sur toutes les autres, comme le prouve bien le prix qui lui a été décerné.

Nous l'examinerons en détail et l'on nous pardonnera d'entrer dans des descriptions techniques qui ne peuvent présenter d'attrait qu'aux seuls fabricants de papier.

En raison de l'interdiction absolue de relever des mesures dans l'intérieur de l'Exposition de Londres, nous ne saurions, en citant des chiffres, fournir un renseignement rigoureusement exact. Cette réserve faite, nous tâcherons d'apporter dans nos indications le plus de précision possible.

La machine de M. Bertram est destinée à fabriquer du papier paille; sa largeur est d'environ deux mètres. Il en existe une du même modèle qui fonctionne à Bass-Bridge, à Londres.

Les rochets qui impriment les secousses à la table de l'épurateur, faite d'une seule pièce, sont à la partie antérieure et au-dessous du niveau de la caisse du vat.

L'appel de la pâte dans le vat est réglé par une pompe obéissant, à volonté, à trois poulies de grandeurs différentes.

Le rouleau de tête de la toile métallique porte un diamètre d'environ $0^{m}20$ centimètres, excellente condition qui tend à prolonger la durée de la toile.

Deux cônes renversés, sur lesquels on peut faire glisser horizontalement la courroie, commandent, à des vitesses variables, les oscillations de la toile métallique, qui ont pour but de marier les filaments de la pâte à papier pendant qu'elle s'égoutte.

Quatre corps de pompe en fonte aspirent l'eau de la feuille naissante.

La première et la seconde presses sèches qui expriment l'eau de la feuille sont des cylindres creux qui reçoivent intérieurement un courant de vapeur. L'eau, devenue chaude et partant plus fluide, se détache plus facilement de la pâte.

Un ressort spirale qui fléchit sous l'effort d'une vis de pression, est placé sur les tourillons; sa flexion, en cas d'accident, protége le feutre.

Tous les rouleaux ou cylindres de cette machine sont remarquables par la grande dimension de leur diamètre; on pourra s'en convaincre par les citations suivantes :

Le diamètre des rouleaux égoutteurs du bâti oscillant est de 0m045 millimètres; le fer de ce bâti mesuré à plat est d'une largeur de 0m070 millimètres et d'une épaisseur de 0m,020 millimètres.

Un rouleau tendeur de la toile métallique porte 0m,180 millimètres de diamètre.

On a donné une circonférence de 1m,420 millimètres au rouleau supérieur de la presse humide.

Celui de la première presse sèche est en fonte et porte un diamètre de 0m,300 millimètres; quant au cylindre inférieur, il est revêtu d'une enveloppe de cuivre rouge mise à chaud sur la fonte, comme un manchon, puis tournée.

Dans la machine à sécher, les cylindres reçoivent le mouvement d'engrenages dont le diamètre est un peu plus grand que le leur.

Ces engrenages sont attachés à la circonférence des cylindres mêmes par de solides pattes de fonte boulonnée.

Le fond de ces cylindres est percé d'un trou d'homme fermé par une plaque; l'ouverture en est facile et permet de visiter l'appareil d'échappement de l'eau condensée, sans démonter le fond des cylindres, opération toujours délicate et minutieuse.

Après les cinq premiers cylindres sécheurs, on remarque une machine à apprêter ou glacer le papier en tout semblable aux presses sèches.

La forme des bâtis de la machine à sécher est heureuse : ce sont des courbes qui accompagnent le contour des cylindres et forment un ensemble de lignes gracieux et solide.

M. Bertram s'est surtout signalé par l'invention d'une coupeuse à papier. Nous allons essayer de faire comprendre l'importance de cette découverte.

Depuis longtemps, on emploie avec succès des coupeuses qui fonctionnent en dehors de la machine à papier et rendent des services incontestables.

On construit même des coupeuses faisant suite à la machine ; mais toutes marquent un temps d'arrêt qui se renouvelle à l'incision de chaque feuille.

Il est facile de comprendre que ce système n'est pas applicable à une machine pouvant débiter une longueur de trente mètres de papier par minute sur une largeur de deux mètres.

L'inventeur, abordant la difficulté de front, a imaginé une coupeuse qui suit la feuille de papier d'un pas égal et non interrompu.

Deux couteaux à hélice, se développant sur un cylindre horizontal d'environ (0^m40) quarante centimètres de diamètre, agissent comme une paire de ciseaux, par le contact successif de chaque point de leurs lames avec un couteau fixe placé au-dessous d'eux.

C'est une poulie extensible qui les met en mouvement. Par ses variations de grandeur, elle leur imprime des variations de vitesse. Cette poulie augmente ou diminue son diamètre avec grande facilité. Ses rayons, à charnières sur le moyeu et à la circonférence, s'inclinent et se redressent ensemble. Le diamètre de la poulie est gradué et chacune de ses divisions correspond à un format différent.

Plus est rapide la révolution des couteaux, plus petites sont les feuilles.

Enfin, et c'est là le point saillant de cette machine, le cylindre qui porte les couteaux peut prendre une position angulaire par rapport à l'axe de la machine elle-même.

Supporté d'un seul côté, il se meut horizontalement et vient se placer obliquement à la marche de la feuille.

Cette obliquité variable permet aux lames des couteaux de suivre, dans leur mouvement hélicoïdal, la vitesse de la feuille de papier et de la couper toujours carrément, sans exiger le moindre temps d'arrêt.

Les deux machines qu'exposait la Belgique sont loin d'égaler les machines anglaises. Nous avons cependant reconnu que M. Dautrebaude a ingénieusement appliqué une transmission de mouvement par friction au va-et-vient de la table de fabrication.

Un disque en fonte vertical et animé d'une vitesse uniforme est en contact avec un galet recouvert d'une bague de cuir qu'il entraîne.

Ce galet, par un glissement horizontal, peut être éloigné ou rapproché du centre du disque et recevoir ainsi des vitesses plus ou moins grandes.

Les feutres marchent sans tirettes et sans talons, mais avec le concours des rouleaux brisés bien connus en France. Ils sont, en outre, guidés par un régulateur qui nous a paru appartenir plutôt au mécanisme délicat de l'horlogerie qu'à la mécanique industrielle.

Les papeteries du Marais, qui représentaient les fabricants de papiers du département de Seine-et-Marne, à Londres, ont reçu du jury international une médaille justement méritée.

Parmi de nombreux échantillons d'une perfection réelle, on admirait leur papier à impression transparente filigranée, sur lequel la Banque de France fait graver ses billets.

---

§ VII.

INDUSTRIE CÉRAMIQUE.

L'industrie céramique est l'une des plus largement représentées à l'Exposition universelle de 1862.

Toutes ou presque toutes les nations de l'Europe y ont envoyé des spécimens de leur fabrication.

La Suisse elle-même qui, nous le croyons, ne s'était pas encore engagée dans les grands concours, n'a pas voulu rester plus longtemps ignorée.

Plusieurs nations, à la vérité, le plus grand nombre même, ne produisent que des imitations anglaises, sous le double rapport des dessins et des formes ; mais pour elles c'est déjà un progrès, si, même en ne faisant qu'imiter, elle s'affranchissent du tribut qu'elles payaient à l'étranger.

Tous les genres de produits céramiques figurent au Palais de l'Exposition ; depuis les biscuits de porcelaine, depuis les pièces décoratives les plus riches, jusqu'aux simples et modestes carreaux de terre cuite.

Mais nous avons seulement à envisager l'Exposition au point de vue des intérêts de notre département. Nous devrons donc nous abstenir de parler de ces magnifiques pièces d'ornement qui font l'admiration de tous les visiteurs ; nous ne parlerons même pas des porcelaines dures que nous ne produisons pas dans Seine-et-Marne et que nous ne saurions y produire avec avantage.

Nous nous bornerons à quelques observations sommaires sur les faïences fines et communes.

C'est surtout dans ce genre de produits que la plupart des nations de l'Europe ne font, il paraît, qu'imiter l'Angleterre ; encore l'imitent-elles le plus souvent assez mal. Il sera donc inutile d'analyser les échantillons exposés par la Hollande, la Belgique, l'Espagne, etc., etc.

Les fabricants anglais et, à leur tête, MM. Bronwfield, Bronw, Assworts, Elliot, Demorck, Weedwood et Minton, ont compris leur supériorité qui paraît incontestable dans cette espèce de production. Leurs faïences sont étalées aux regards avec un soin très-grand, on dirait presque avec luxe.

Comparées avec les expositions antérieures, leurs faïences présentent des modifications sensibles dans les formes et dans les dessins. On ne trouve plus dans leurs modèles ces parties rentrantes, ces angles brusques, souvent peu gracieux. Leurs dessins sont moins chargés et se rapprochent beaucoup plus de nos dessins français.

Il ne serait pas sage de conclure d'une manière absolue par les modèles exposés. Ces modèles sont bien certainement plus parfaits que les produits livrés au commerce. Cependant, et en avouant notre incompétence, nous croyons la faïence anglaise supérieure à la nôtre. Elle est plus résistante, plus robuste, pour ainsi parler et, ce mérite, elle le doit surtout à la composition de ses mélanges.

Peut-être pourrions-nous faire aussi bien ; mais pour cela il faudrait donner plus d'épaisseur que nous n'en donnons généralement et ajouter à nos pâtes du grès ou du silex pulvérisé. Il est probable que nos fabricants s'arrêtent devant l'obligation qui en résulterait d'une cuisson plus longue et par conséquent plus coûteuse.

Malgré tout, il est regrettable que l'usine de Montereau ait cru devoir s'abstenir dans ce grand concours universel.

Elle aurait tenu dignement sa place. Ses formes élégantes, ses dessins pleins de goût lui auraient valu certainement l'attention du jury et des connaisseurs.

On trouve aussi à l'Exposition quelques modèles de machines à broyer, à malaxer, à façonner.

Quelques-uns n'offrent guère d'intérêt et ne présentent ni le caractère d'une véritable invention, ni celui d'un perfectionnement sensible. D'autres semblent mieux compris et mieux entendus.

Pour apprécier sûrement ces machines, il faudrait les voir en fonction. Pour produire à bon marché, la matière première est quelque chose, mais les moyens de fabrication ont aussi leur influence. Il serait donc à désirer que nos faïenciers pussent étudier sur place les avantages qu'on peut trouver dans l'emploi d'une machine ingénieuse. Les formes et les dessins se modifient facilement, et, sous ce rapport, le goût artistique de la France n'a rien à envier aux autres peuples; mais, sous le rapport des procédés économiques, de l'emploi des moyens mécaniques, nous avons peut-être plus de progrès à faire.

La nécessité de lutter contre une redoutable concurrence, l'avantage pour tous d'un abaissement dans les prix de production doivent amener prochainement l'abandon des instruments imparfaits, leur remplacement par des moyens plus perfectionnés et plus économiques. Déjà nos principaux fabricants ont senti cette nécessité. Ils ont beaucoup amélioré leurs anciens procédés et s'étudient à les perfectionner de plus en plus. Malheureusement, dans une industrie où le prix du combustible exerce une aussi grande influence, la richesse des bassins houillers de la Grande-Bretagne semble lui assurer, pour longtemps du moins, un avantage considérable.

§ VIII.

LIN ET CHANVRE.

La crise américaine, en amenant chez nous la rareté et la hausse du coton, donne aujourd'hui à la production des autres plantes textiles une importance toute particulière.

Parmi ces plantes, le lin et le chanvre occupent le premier rang à raison de la force et de la longueur de leurs fibres. La culture de ces plantes est très-répandue en Écosse et elles occupent une place relativement considérable dans le palais de Kensington. Pour le lin des colonies anglaises du Canada, des Indes et de la Tasmanie, l'Autriche, la Belgique, la Hollande, l'Italie, la Prusse, l'Espagne, la Russie et la France ont servi leur contingent.

Les plus beaux échantillons étaient sans contredit ceux provenant de la Belgique, de la Russie et de la France.

Pour le chanvre, les principaux pays qui ont pris part à l'exposition sont, avec la France et l'Algérie, l'Autriche, la Belgique, le grand-duché de Bade, l'Italie, la Russie, l'Espagne. Les chanvres exposés par la France, l'Italie et la Russie méritent particulièrement l'attention.

Les départements français qui ont envoyé des échantillons de lin et de chanvre sont les suivants :

Nord, Pas-de-Calais, Aisne, Oise, Seine-Inférieure, Ille-et-Vilaine, Côtes-du-Nord, Sarthe, Corrèze, Seine-et-Marne.

Les échantillons de lins en tiges et teillés provenant de notre département figurent, à l'Exposition, parmi les produits agricoles exposés par la Société d'Agriculture de Melun. Ils avaient été envoyés par M. Delbard, directeur de la Société d'Assurances mutuelles contre la grêle et de la Caisse Agricole de Seine-et-Marne, propriétaire de l'usine de la Fontaine-Ronde, dans laquelle le teillage s'opère par des procédés mécaniques.

Avant l'année 1855, époque à laquelle fut fondé cet établissement, il ne se récoltait de ce textile, dans le département de Seine-et-Marne, que des quantités tout à fait insignifiantes et employées presque exclusivement pour les besoins du cultivateur qui l'avait produit. Quelques ouvriers, dans un village des environs de Melun, fournissaient seuls au commerce quelque peu de lin dans de faibles proportions.

Ce n'est qu'en 1855 que la culture de cette plante a pris un certain accroissement, motivé par la création de l'usine de la Fontaine-Ronde, qui, à elle seule, transforme manufacturièrement en longs brins et en étoupes, utilisés directement par la filature, un million de kilogrammes de lin en tiges.

La production agricole dans Seine-et-Marne est surtout concentrée dans les arrondissements de Meaux, Melun et Provins ; ceux de Coulommiers et de Fontainebleau n'ont encore fourni que des quantités peu notables ; en 1861, elle se répartissait ainsi :

Arrondissement de Meaux, environ	500 hectares.
— de Melun, —	200 —
— de Provins, —	150 —
Total.......	850 hectares

produisant environ 3,500,000 kilogrammes de lin en tiges d'une valeur de près de 500,000 francs, qui ont été en partie exploités dans l'usine de la Fontaine-Ronde, en partie achetés par des négociants du nord de la France.

Ces chiffres démontrent une fois de plus qu'en toute espèce de chose, s'il y a une période d'enfantement pénible pendant le cours de laquelle il faut lutter contre les difficultés de toutes sortes, il y en a aussi une d'accroissement progressif au bout de laquelle est le succès. C'est dans cette seconde période que se trouve le département de Seine-et-Marne. Espérons que rien ne viendra l'entraver dans ses progrès, auxquels contribuera surtout l'emploi des méthodes perfectionnées du Nord et de la Belgique, modifiées toutefois conformément aux conditions différentes du sol et de la main-d'œuvre.

Comme nature et comme qualité, les lins de Seine-et-Marne peuvent être classés parmi les sortes de très-bonne qualité moyenne. Ils sont supérieurs aux lins fournis par la Picardie et par le pays de Caux; ils sont seulement inférieurs aux fines soies du Nord.

Du corps, c'est-à-dire de la densité, de la finesse, une résistance moyenne, un bon rendement au peignage, telles sont leurs propriétés reconnues par la filature, qui les transforme en fils variant du n° 70 au n° 100; déjà même leur mérite a été constaté par les manufacturiers anglais, qui en ont travaillé quelques parties.

Seine-et-Marne est donc susceptible de devenir un des centres d'alimentation les plus importants de nos fabriques du Nord et de la Normandie, à moins (ce qui serait préférable encore) qu'il ne s'élève un jour sur son sol même des établissements industriels qui mettent en œuvre ces précieux produits.

En attendant ce moment que nous appelons de tous nos vœux, notre agriculture, déjà si florissante, a des raisons suffisantes pour s'occuper d'une plante qui peut dès à présent lui donner les meilleurs résultats, en présence, surtout, de l'élévation continue des fermages. Une plante nouvelle dont le produit ne le cède en rien à celui des récoltes les plus abondantes, joignant à l'avantage d'un assolement nouveau celui d'être une des conditions les plus favorables à la production du blé, arrivant à maturité avant la moisson des céréales, des déchets utilisables, soit comme engrais, soit comme alimentation des bestiaux, des travaux importants pour nos populations agricoles, telles sont les considérations qui militent puissamment en faveur des lins.

Le teillage mécanique, en se substituant au travail manuel, qui exigeait un grand déploiement de force, a permis d'utiliser les services des femmes et des enfants et par conséquent d'élever leur salaire; il crée des travaux pendant une saison où, dans nos campagnes, on en manque presque complétement, et tend à empêcher l'émigration dans les villes.

L'impulsion donnée à cette culture par la crise américaine n'est pas purement temporaire; il y a lieu de penser qu'elle continuera même après que l'industrie cotonnière aura repris son essor, puisque annuellement les importations en lins de l'étranger dépassent en valeur plus de 30,000,000 de francs et cela au préjudice de nos cultivateurs.

Sillonné, comme il l'est, de routes carrossables en parfait état d'entretien, de chemins de fer, de canaux, de rivières navigables qui permettent un transport facile et peu coûteux, le département de Seine-et-Marne peut donc s'occuper avec profit de la culture du lin et du chanvre et prendre un rang important parmi ceux qui, jusqu'à ce jour, ont servi à l'alimentation d'une industrie considérable qui intéresse la France à si juste titre.

---

§ IX.

INDUSTRIE DES TISSUS.

L'industrie textile proprement dite n'ayant pas de similaire dans notre département, nous ne pourrions, sans sortir des limites assignées à notre commission, donner ici les développements que nécessiteraient les nombreux perfectionnements acquis à cette branche de travail depuis 1855.

Mais nous ne pouvions omettre d'étudier à Londres l'un des dérivés de cette grande industrie, dérivé qui intéresse le département de Seine-et-Marne, puisque c'est dans une des communes de l'arrondissement de Meaux que l'on a vu se développer et occuper successivement de nombreux ouvriers une fabrication inconnue jusqu'alors dans le centre de la France; nous voulons parler de l'impression des *toiles peintes*.

L'art de la toile peinte nous vient des Indes. Il a été importé en Angleterre au commencement du dix-huitième siècle. En 1746, nos provinces de l'Est virent se former une manufacture de ce genre, et, en 1775, M. Oberkampf, à Jouy, près Versailles, et M. Japuis, à Claye, fondèrent chacun un établissement ayant pour spécialité l'impression des tissus. Depuis cette époque, le nombre des fabriques d'impression s'est multiplié en France et surtout en Angleterre. Le chiffre de la production annuelle des deux pays s'élevait, avant la crise cotonnière de 1862, à quelques centaines de millions.

Depuis l'Exposition de 1855, les progrès de cette industrie ont été notables. Ils sont dus en partie aux perfectionnements de l'outillage et aux recherches laborieuses de nos chimistes industriels. Il est seulement à regretter que la plupart des maisons anglaises se soient abstenues de paraître au grand concours de 1862. La France, au contraire, avait trente exposants, dont un de notre département.

Les principaux progrès que nous avons à signaler dans les nombreux éléments qui constituent l'ensemble de la fabrication sont les suivants :

1° Gravure des planches. — L'alliage propre aux clichés en métal qui remplacent, dans beaucoup de cas et avec avantage, les gravures à la main, a été sensiblement perfectionné.

L'application de la galvanoplastie et du pantographe à la gravure sur rouleaux permet d'obtenir des gravures à prix très-réduits.

2° Impression a la main. — La grande perfection avec laquelle les tissus teints en garance sont rentrés avec les nuances d'enluminage sans laisser apercevoir les points de rapports, est digne de remarque et d'éloge.

L'ingénieuse disposition des châssis à couleurs permet d'imprimer, avec une seule planche, plusieurs couleurs à la fois.

3° Impression au rouleau. — La fabrication anglaise a sur la nôtre une grande supériorité, non par ses moyens d'exécution, mais par la perfection de ses machines, qui impriment jusqu'à douze et seize couleurs à la fois. A l'époque de la mise en vigueur du traité de commerce, il n'existait en France que des machines imprimant tout au plus cinq couleurs ; c'est donc aux industriels à considérer s'il y a pour eux un véritable intérêt à suivre, à cet égard, la voie qui leur est tracée par nos voisins de la Grande-Bretagne.

4° Arts chimiques et fabrication en général. — Nous avons ici à faire remarquer une véritable amélioration qui s'est produite dans le blanchiment et l'avivage des genres si complexes en nuances garancées. La pureté et la limpidité du ton de ces couleurs établissent une supériorité bien marquée en faveur de la fabrication française.

L'emploi des couleurs plastiques et de celles si fraîches et si brillantes tirées de l'aniline et de ses dérivés (produit obtenu des huiles de goudron de houille) a donné à l'industrie de la toile peinte une nouvelle activité, en lui permettant la création de genres nouveaux, impossibles par les moyens employés jusqu'alors.

Nous terminerons ces observations en faisant remarquer que, malgré le mérite bien reconnu de l'impression française, il lui serait néanmoins difficile de lutter, sur les grands marchés du globe, sans désavantage avec les Anglais ; car la houille, qui constitue une dépense considérable dans les usines de cette industrie, où l'on fait une si grande consommation de vapeur d'eau, est encore dans notre pays à un prix quatre fois plus élevé qu'en Angleterre.

L'industrie des fils et tissus du département de Seine-et-Marne était représentée au concours universel de Londres par deux maisons : 1° celle de M. Gadrat, de Meaux, dont la spécialité consiste dans la fabrication de tapis imitant le genre des Gobelins; le jury a décerné à cette maison une mention honorable ; 2° celle de MM. Japuis, Kastner et Carteron, de Claye, qui ont obtenu la médaille pour leurs impressions sur tissus de soie, laine, coton et fil.

§ X.

INDUSTRIE DES PEAUX ET CUIRS.

Le département de Seine-et-Marne possède un grand nombre de tanneries, et c'est par ce motif sans doute que l'industrie des peaux et cuirs a été comprise dans le programme des études confiées à la première section.

Cette industrie était représentée à Londres par soixante-cinq exposants français répartis entre vingt départements, parmi lesquels ne figure pas le nôtre.

Depuis la précédente Exposition, il n'est apparu aucune innovation importante dans cette industrie : ce qui s'explique d'ailleurs, ainsi que le fait remarquer la section française du jury international, par la nature de la fabrication des peaux et cuirs, qui ne se prête pas à des productions nouvelles et variées comme beaucoup d'autres industries dont les produits changent suivant les besoins et la mode.

Néanmoins les jurys d'admission ont signalé, parmi les améliorations introduites depuis dix ans dans les industries de cette classe :

1° De meilleurs procédés de fabrication donnant un tannage plus parfait et plus rapide ;

2° Des progrès dans la préparation des tiges permettant d'obtenir une plus grande souplesse ;

3° Des procédés nouveaux pour faire perdre toute élasticité aux courroies de transmission, et remplacer les courroies cousues par des courroies collées ou clouées ;

4° Une amélioration notable réalisée dans la préparation des cuirs de veau et de vache destinés à être vernis, par suite de la mesure qu'ont prise les maisons les plus importantes de tanner elles-mêmes les peaux qu'elles emploient, mesure qui, en donnant plus de régularité au tannage et en procurant une assez grande économie, permettra à nos fabricants de cuirs vernis de lutter contre l'importation étrangère ;

5° L'extension donnée à l'emploi des peaux de chèvre et de chevreau par les fabricants de maroquins, pour remplacer avec avantage les étoffes employées autrefois à la confection du haut de la bottine d'homme ;

6° Les procédés plus parfaits employés par les mégissiers pour conserver la force et la fleur des peaux de chevreau destinées à la ganterie ;

7° Une perfection plus grande dans la confection des selles et des harnais ;

8° Plusieurs essais tentés dans l'art du sellier pour l'arrêt instantané des chevaux.

En ce qui concerne la branche de l'industrie des cuirs qui se pratique plus particulièrement dans notre département, le tannage, tout le monde sait combien elle a d'importance pour donner aux cuirs toute la solidité désirable. La France a, dans cette branche, une supériorité réelle. Les cuirs anglais tannés à l'écorce de chêne, avec addition de *vallonia, de libidivi, de terra japonica* et d'autres substances exotiques, sont souples et ont des qualités réelles. Mais les cuirs français sont plus beaux, plus doux et plus serrés ; ils s'usent moins vite en général quoiqu'ils soient moins épais. Le rapport de la section française du jury international cite des cuirs anglais importés en France, à la suite du traité de commerce, à des prix bien inférieurs aux nôtres, qui n'ont pas satisfait leur consommateur et qui, souvent, au battage pratiqué pour obtenir leur compression, sont restés gonflés et spongieux. Il faut remarquer que la supériorité de nos vaches tannées est incontestable, et que cet article est traité avec un succès tout particulier dans nos tanneries.

Au surplus, pour donner une idée de l'impression produite en Angleterre par l'exposition de nos fabricants de peaux et cuirs, nous ne saurions mieux faire que de reproduire ici un extrait du rapport fait à la commission royale anglaise par M. Blackmore. Il est de nature à inspirer à nos industriels une légitime satisfaction.

Voici comment s'exprime l'honorable rapporteur de la commission anglaise :

« La France, notre voisine la plus prochaine, comme nation de luxe, riche et entreprenante, a, l'Angleterre exceptée, le plus grand nombre d'exposants. Dans l'Exposition française tout est bon, excellent, varié et extrêmement parfait. Le jury a éprouvé une difficulté réelle à donner de justes distinctions en accordant les médailles aux produits de ces fabricants, qui, placés en regard de ceux des Belges et des Anglais, et pesés dans la balance avec la plus scrupuleuse attention, obtiennent la palme dans tous les objets de luxe, de goût et de délicatesse.

« Une très-longue liste de récompenses a été dressée ; les raisons en ont été déduites, il n'est pas possible qu'il y en ait de plus flatteuses pour la nation française. Elles sont l'indication véritable et collective de la valeur incontestable des produits exposés, depuis les cuirs tannés par MM. Pelletereau (de Château-Renaut), jusqu'aux chevreaux pour gants mégissés à Annonay.

« La France est aussi, en vérité, sans compétiteurs pour les objets de cuir.

« La France a une telle réputation pour les objets de luxe et d'élégance, comme les maroquins, peaux de chevreaux coloriées, peaux de veaux teintes, vernies et corroyées, qu'elle a la supériorité pour tous ces produits.

« Elle a également une supériorité marquée dans les cuirs tannés, qui sont solides et d'un usage général, surtout si on les compare à ceux des tanneurs anglais, qui ont un sol qui produit les meilleurs cuirs de bœuf et les meilleures écorces de chêne. Quand nous comparons nos produits naturels avec ceux de la France, nous constatons que ce pays a raison d'être fier de tous ses tanneurs, et aussi de ses cuirs de bœuf qui sont appendus à la muraille dans la salle de l'Exposition. »

---

§ XI.

INSTRUMENTS DE DRAINAGE.

L'Exposition de Londres n'a rien présenté de bien intéressant à noter en ce qui concerne l'application des arts mécaniques au drainage. Les instruments ou plans de drainage exposés ont été fort rares. Cela tient à ce que les esprits sont tout à fait fixés sur les procédés à suivre. On semble avoir renoncé aux tentatives faites, il y a quelques années, pour ouvrir les drains et poser les tuyaux mécaniquement, et on revient au procédé primitif, c'est-à-dire à l'ouverture des tranchées à bras d'homme et à la pose des tuyaux à la main.

Citons toutefois, parmi les appareils exposés :

Les tuyaux en fonte, à grille, avec ou sans clapets, de MM. Amies et Barford, destinés à terminer les collecteurs;

Les tuyaux de drainage de M. Barbier, à Paris, préparés contre les obstructions.

Les machines à fabriquer les tuyaux n'ont rien offert de particulier, si ce n'est l'appareil Clayton mû par la vapeur et destiné à fabriquer de grandes quantités de briques ou tuyaux. Mais cette machine ne serait pas applicable dans nos localités.

On n'a exposé ni modèles ni plans de fours pour la cuisson des tuyaux.

Enfin les plans de drainage exposés se bornent à ceux présentés par M. Vandercolme, cultivateur distingué du département du Nord, par

M. Barbier et par M. Abailard, ingénieur draineur, ancien conducteur des ponts et chaussées dans le département de Seine-et-Marne.

Notre département n'a donc pu trouver dans cette partie de l'Exposition universelle de 1862 des modèles à suivre pour simplifier l'opération du drainage ou diminuer le prix de revient.

Il n'a, par suite, qu'à continuer d'après les procédés adoptés jusqu'ici, en persévérant dans la marche qui le place au second rang parmi les départements qui sont à la tête du mouvement d'amélioration pour le drainage.

On sait en effet que si, en France, la superficie drainée est aujourd'hui de 100,000 hectares environ, soit de deux hectares environ pour mille relativement à l'étendue totale, ou de près de un pour cent relativement à celle susceptible d'être drainée, on compte dans le département de Seine-et-Marne 11,500 hectares drainés, soit près de 2 pour 100 de son étendue totale, ou 5 pour cent de celle qui serait drainée avantageusement.

En Angleterre et en Irlande on peut estimer, en réunissant les deux pays, à 21/4 0/0 le premier rapport et à 5 1/2 le second. C'est-à-dire que dans ce pays, où le drainage a pris naissance et se développe sans cesse, la fraction drainée de la surface qui peut l'être utilement n'est que d'un dixième supérieure à cette même fraction prise dans Seine-et-Marne.

Il est probable même que cette proportion serait plus considérable encore dans nos contrées si l'on avait pu y vaincre les difficultés que présente le drainage dans les pays morcelés.

Dans cette comparaison qu'amène naturellement l'Exposition de Londres, et que le département de Seine-et-Marne est digne de soutenir en ce qui concerne le drainage, il ne sera donc pas hors de propos de rappeler comment la difficulté a été vaincue en Angleterre, dans ce pays où le respect de la liberté individuelle et celui de la propriété sont poussés si loin.

On sait, en effet, que, par l'acte 4 de l'année IX du règne de la reine Victoria, le drainage d'une certaine étendue de terrains peut être provoqué par l'administration locale, ou par le grand jury qui en tient lieu, et l'exécution peut se faire aux frais de tous les propriétaires au prorata de leur intérêt, si l'adhésion a été donnée à l'opération par les propriétaires de plus de la moitié des terrains compris dans la zone.

Deux autres actes ont été rendus, dans ces dernières années, pour confirmer le précédent et lui donner plus de force, et d'importantes opérations ont été entreprises, soit par des compagnies, soit par des particuliers, en vertu de ces dispositions.

Dans le projet de loi qui a été présenté en France en 1854, une disposition analogue avait été proposée. Mais elle a été repoussée dans la discussion, et la loi du 10 juin 1854, tout en parlant d'associations de drainage organisées administrativement, admet qu'elles seront formées avec le consentement de tous les intéressés sans exception.

Devant cette condition, on peut assurer qu'aucune association ne pourra se former et que la supposition de la loi à cet égard est illusoire.

Nous en avons eu déjà la preuve, dans notre département même, où des tentatives ont été faites pour le drainage en commun de 150 hectares environ situés sur la commune de Mortcerf.

Cette surface, qui ne peut se drainer utilement et économiquement que par une opération d'ensemble, appartient à plus de quatre-vingts propriétaires, et les parcelles sont enclavées les unes dans les autres, de façon à rendre presque impossible l'isolement de certaines d'entre elles. Sur ce nombre de propriétaires, une douzaine possède plus de la moitié de la superficie et a donné son adhésion. Le projet d'exécution est préparé depuis deux ans, ainsi que le règlement pour l'association, qui a été approuvé en principe par l'administration. Un syndicat provisoire a même été nommé pour hâter la solution et amener les adhésions. Il est composé des hommes les plus influents et les plus capables de conduire à bien cette affaire. Or, toutes ces conditions, qui devraient amener sa réussite, n'ont rien pu encore contre les difficultés matérielles que présente la réunion des propriétaires et contre leur force d'inertie. Il faudra donc désespérer d'atteindre le but poursuivi, au détriment de l'agriculture de la contrée, si des moyens analogues à ceux que fournit la législation anglaise ne sont pas mis à la disposition de l'administration dans notre pays.

Nous pensons ne pas sortir du rôle assigné à notre commission en exprimant le vœu que notre législation sur le drainage soit réformée en ce sens (1).

---

(1) Voici dans quels termes nous nous exprimions à ce sujet, dans une note adressée, le 20 mai 1857, à M. le Ministre de l'agriculture, du commerce et des travaux publics, afin de lui signaler l'inefficacité du principe des associations syndicales posé dans l'article 4 de la loi du 10 juin 1856, si l'administration ne prenait pas l'initiative d'une mesure d'ensemble pour faciliter l'écoulement des eaux :

« Depuis le 10 juin 1854, en effet, s'est-il créé une seule association syndicale? « A-t-il été creusé, soit par des réunions de propriétaires, soit par des communes, de « grands évacuateurs destinés à recevoir les eaux du drainage? Je ne le pense pas. « Aussi le drainage n'a-t-il guère été pratiqué jusqu'à présent qu'isolément par de « grands propriétaires dont les fonds sont placés dans d'heureuses conditions pour « l'écoulement des eaux.

« D'où cela vient-il?

« Est-ce que les bienfaits du drainage ne sont pas suffisamment connus? Ils le sont « aujourd'hui assurément par tous les propriétaires intelligents appartenant aux « départements agricoles.

« Parmi les causes de cette lenteur à profiter du moyen qu'offre la loi de prati- « quer le drainage sur une large échelle, on doit citer sans doute le manque de ca- « pitaux et l'imperfection de la loi de 1807 sur les syndicats en matière d'irrigations « et d'endiguements, loi dont la révision devient de plus en plus nécessaire.

« Mais il est une autre cause bien connue de tous les hommes pratiques et que « le gouvernement peut faire disparaître sans recourir au Corps législatif, c'est l'im- « possibilité d'obtenir de l'initiative des propriétaires ou des communes elles-mêmes « *l'exécution de plans d'ensemble*. De toutes parts, on attend l'initiative de l'admi- « nistration. Elle seule, en effet, disais-je dans un écrit publié à l'occasion du projet « devenu la loi de 1856, est en mesure, à l'aide de ses ingénieurs, de tracer des « plans, d'indiquer les localités où les fossés évacuateurs devront être établis, la « direction qu'il convient de leur faire suivre, de désigner les cours d'eau à recti- « fier, etc. Son concours est d'autant plus nécessaire que souvent ces fossés devront, « dans un intérêt bien entendu, passer du territoire d'une commune sur celui d'une « autre. C'est lorsque ces plans seront mis sous les yeux des propriétaires que « ceux-ci songeront sérieusement à se concerter, à se réunir, sous forme de « syndicat ou de simple association, pour faire exécuter de grands travaux de drai- « nage, etc.

« Si ces mesures ne sont pas prises par l'administration, qu'arrivera-t-il?

« Il est fort à craindre que le drainage ne reste une œuvre isolée, privilége d'un « certain nombre de grands propriétaires ou de particuliers dont les propriétés avoi- « sineraient des cours d'eau. Quant à ceux dont les fonds sont situés au milieu de « nombreuses parcelles (et c'est le cas le plus ordinaire), à une certaine distance « des cours d'eau, comment se décideraient-ils à créer à grands frais de longs con-

Tel est, Monsieur le Préfet, le rapport que nous avons l'honneur de vous présenter au nom de la première section de la commission départementale. Il n'a pas tenu à sa bonne volonté que ce rapport ne fût plus complet. Mais pour étudier, à Londres, toutes les industries qui ont leurs similaires dans notre département, il eût fallu que la première section renfermât un plus grand nombre d'hommes appartenant à des spécialités diverses. Malgré les lacunes inévitables que nous avons dû laisser dans l'ensemble des études que vous nous avez confiées, j'ose espérer que, grâce au savant concours que m'ont prêté mes collègues,

---

« duits souterrains ou à ciel ouvert à travers les autres propriétés ? La disproportion des dépenses, eu égard à l'avantage à obtenir, paralysera évidemment ces entreprises dans la plupart des cas ; et, dans les cas fort rares où quelques particuliers les exécuteront, n'est-il pas manifeste qu'agissant à leur point de vue exclusif, ils feront souvent des travaux qui ne pourront pas servir ensuite à d'autres, et qu'ainsi, pour drainer un climat, beaucoup de dépenses seront faites en pure perte, beaucoup de travaux seront mal ou imparfaitement exécutés?

« Tel n'est pas le but de la loi de 1854. Les rédacteurs de cette loi ont parfaitement compris que la grande difficulté du drainage, c'était l'écoulement des eaux, et que le moyen le plus efficace pour vaincre cette difficulté, c'était la création de grands évacuateurs par le concours des associations, des communes ou même des départements. Mais il ne se fera rien de sérieux, soyons-en bien convaincus, tant que le gouvernement n'aura pas vivifié le principe déposé dans cette loi, tant qu'il n'aura pas, dans un règlement d'administration publique, prescrit aux administrations départementales *de faire exécuter d'office, par leurs ingénieurs dans chaque commune où le drainage peut produire de bons effets, des plans d'évacuateurs généraux.*

« C'est lorsqu'ils auront vu les extraits de ces plans déposés dans les mairies, à côté de la matrice cadastrale, que les conseils municipaux, que les propriétaires de fonds situés dans tel ou tel climat pourront évaluer les dépenses à couvrir en commun, apprécier quelles seront les personnes intéressées à faire partie de la même association, et quelle pourra être la quote-part de chacun dans les frais généraux des évacuateurs. C'est alors seulement qu'ils se décideront, les uns à voter des mesures, les autres à se réunir pour exécuter des travaux d'ensemble qui permettront à chaque particulier, aux petits comme aux grands propriétaires, quelle que soit la situation de leur bien, à profiter des deux lois que la sollicitude du gouvernement a fait rendre pour favoriser l'une des plus grandes améliorations agricoles que notre siècle ait vu se produire. — J.-B. Josseau, »

« 20 mai 1857. »

membres de la sous-commission, nos fabricants et nos industriels trouveront dans ce rapport, pour les industries qui y sont passées en revue, quelques renseignements utiles et un sujet d'encouragement à marcher plus résolûment que jamais dans la voie du progrès. C'est en unissant de plus en plus les lumières de la science aux leçons pratiques de l'expérience qu'ils parviendront à maintenir le rang distingué qu'ils occupent déjà dans l'ensemble de la production. Au milieu des luttes ardentes de la concurrence moderne, ils sauvegarderont ainsi leurs propres intérêts, en même temps qu'ils soutiendront l'honneur du département de Seine-et-Marne.

Le Vice-Président,

J.-B. Josseau,

député au Corps législatif.

DEUXIÈME SECTION.

Machines agricoles et instruments aratoires, — Constructions rurales, — Distilleries.

MONSIEUR LE PRÉFET,

La seconde sous-commission, au nom de laquelle j'ai l'honneur de vous présenter le rapport, avait pour mandat plus spécial l'examen des machines et instruments aratoires, des constructions rurales et des distilleries agricoles : notre travail se trouvera naturellement divisé en trois chapitres, correspondant à ces trois objets.

CHAPITRE PREMIER.

MACHINES AGRICOLES ET INSTRUMENTS ARATOIRES.

Nous avions un double champ d'examen en ce qui concerne les machines et instruments : l'exposition universelle de Kelsington, qui comprenait les envois de toutes les nations, et l'exposition agricole spéciale de Battersea, qui ne comprenait, en fait d'instruments, que des objets d'origine anglaise et qui se trouvait néanmoins, au point de vue de l'agriculture, infiniment plus complète et plus intéressante que l'exposition universelle elle-même.

Nous les avons étudiées toutes deux.

Nous avons assisté, autant que nous l'avons pu, aux différentes expériences faites au dehors pour l'essai comparatif des divers instruments et particulièrement à Farningham pour la culture à la vapeur; enfin, dans les visites que nous avons faites dans les fermes, nous avons surtout cherché à retrouver, pour les juger au point de vue pratique, les instruments qui nous avaient le plus frappés dans les galeries et dans les cours des deux expositions.

Conformément à la tradition suivie dans les rapports des commissions précédentes, notre travail sera divisé en cinq sections :

1° Instruments destinés à préparer la terre : charrues, herses, rouleaux, etc.; 2° instruments destinés à confier la semence à la terre : semoirs, etc.; 3° instruments et machines propres à récolter : moissonneuses, faucheuses, faneuses, etc.; 4° machines à battre, tarares, etc.; 5° machines et instruments divers; 6° enfin nous consacrerons une section spéciale à l'emploi de la vapeur appliquée aux travaux de l'agriculture.

---

§ I.

Instruments aratoires.

Charrues. — Ni l'une ni l'autre des expositions ne présentait rien de nouveau au point de vue de la construction des charrues, bien que ces instruments eussent été produits en grand nombre. C'était toujours pour l'Angleterre ce type généralement connu de tous nos cultivateurs sous le nom de charrue Howard, et qui a été si souvent décrit que nous croyons inutile d'y revenir.

L'exposition universelle présentait un certain nombre d'instruments aratoires envoyés par l'Allemagne. Le caractère principal par lequel ils se distinguent des instruments anglais est l'emploi habituel du bois au lieu du fer et par conséquent une diminution notable dans les prix. Ils présentent en général une grande simplicité et se rapprochent beaucoup de notre matériel agricole français. Nous signalerons principalement la charrue exposée sous le n° 1330, par M. Eckert, de Berlin, présentant un bon système pour monter et descendre le point de traction, et à laquelle nous ne ferions qu'un seul reproche tiré de la dimension un peu courte du soc.

Nous donnerons les mêmes éloges aux charrues exposées sous le n° 591, par MM. Borroch et Eichmann, de Prague, et par MM. Forko et Stéphen, de Pesth. — Nous avons aussi remarqué plusieurs buttoirs pour la culture des pommes de terre; nous signalerons entre autres celui exposé sous le n° 590, par M. Bocoz à Tendenburg (Hongrie), et plus particulièrement encore le buttoir belge exposé sous le n° 282, qui n'est coté que 40 francs.

L'exposition belge présentait encore, sous le n° 288, un rouleau très-puissant.

Enfin nous ne terminerons pas cette rapide analyse des expositions belge et allemande sans appeler l'attention spécialement sur l'ensemble des instruments aratoires de M. Tixhon, de Liége.

Nous avons remarqué, exposé sous le n° 1675, une piocheuse d'une dimension énorme, présentant, sur une largeur de 0^m 75, sept rangs de dents; elle doit exiger une telle force de traction qu'il serait, nous le croyons, difficile de l'employer avec des chevaux et qu'elle semble plutôt conçue au point de vue de l'emploi de la vapeur. Cependant elle était armée de timons destinés à recevoir un attelage, et l'on nous a cité des cultivateurs qui l'employaient ainsi. Nous signalerons principalement, dans cet instrument, la disposition à l'arrière d'un arbre portant un nombre de petits rouleaux correspondant au roulean piocheur et destiné à décrotter les dents ; le mouvement y est transmis très-simplement, et cette disposition nous a semblé digne de remarque. L'instrument est coté 1,375 francs.

Les scarificateurs, ou, comme on dit aujourd'hui en Angleterre, les cultivateurs figuraient en très-grand nombre à l'exposition. On voit que l'usage en est excessivement répandu. Il existe même de l'autre côté du détroit une école, exclusive comme toutes les écoles, d'après laquelle il suffirait de remuer et d'ameublir la terre sans la retourner et qui prétendrait ainsi remplacer définitivement la charrue par le scarificateur; ce n'est pas ici le lieu d'entrer dans cette discussion, qui d'ailleurs se résout, pour les plus sages, à la conclusion de l'emploi combiné des deux instruments; il suffit de faire remarquer, qu'au très-grand profit de la culture, l'usage du scarificateur est à peu près universel en Angleterre; nos bons agriculteurs en France le savent d'ailleurs mieux que personne. Ces instruments, parfaitement connus, n'offraient du reste à l'exposition aucune disposition nouvelle qui méritât la peine d'une description spéciale.

Rouleaux.— En ce qui touche les rouleaux, le Crosskill est toujours, ainsi qu'il le mérite, en grand honneur à l'exposition et en usage presque général dans les fermes. Toutefois nous signalerons aussi le rouleau exposé par William Cambridge, de Bristol, sous le n° 827; il réunit la double fonction de rouleau compresseur et de brise-mottes par l'emploi alternatif d'anneaux plats et d'anneaux dentelés. Il est coté 200 francs.

Hersés. — Nous avons vu fonctionner à Farningham la herse rotative; elle est de forme ronde, semblable à une roue; le point de traction est au centre autour duquel le mouvement de rotation se produit indifféremment en tous sens, selon la résistance des mottes, au fur et à mesure que l'instrument avance; cet instrument a peu de puissance par lui-même et ne peut être appliqué qu'à perfectionner un travail commencé par le brise-mottes, pour donner à la terre une dernière façon. Son utilité, restreinte à ce point, paraissait toutefois appréciée par un assez grand nombre de cultivateurs anglais.

Le même effet de dernière façon à donner à la terre et de perfectionnement du hersage résulte encore de l'emploi de certaines herses consistant en chaînes à anneaux de formes différentes et qui sont traînées sur la surface de la terre. Les agriculteurs de Seine-et-Marne peuvent se rappeler en avoir vu quelques-unes exposées dans nos comices; nous les avons retrouvées dans plusieurs fermes et à l'exposition de Battersea. Celles exposées sous le n° 1482 par MM. Maggs et Hindeley étaient cotées 132 francs. Les cultivateurs qui les emploient assurent que l'effet en est excellent pour émietter la terre et la mélanger complétement avec le fumier; cette dernière façon est principalement appliquée aux terres qui doivent recevoir des racines.

---

§ II.

Semoirs, houes à cheval.

L'usage des semoirs commence à être assez répandu dans un grand nombre des exploitations de notre département pour qu'il soit inutile d'entrer dans le détail de la construction de ces instruments et d'en expliquer tous les bons effets. Chacun sait aujourd'hui la grande économie de semence qu'ils procurent, la régularité qu'ils assurent dans la pousse, la facilité qui en résulte plus tard pour le binage; d'un autre côté, la plupart de nos cultivateurs en connaissent le mécanisme ingénieux : la flexibilité des cornets, le moyen d'augmenter ou de diminuer la quantité de semence en activant ou retardant le mouvement de l'arbre sur lequel sont montées les cuillers alimentaires, le moyen de maintenir toujours l'horizontalité du coffre qui contient la semence, quelle que soit d'ailleurs l'inclinaison du terrain sur lequel fonctionne l'instrument. S'il était encore quelques agriculteurs à qui ces notions fussent étrangères, on ne pourrait mieux faire que de leur recommander une petite brochure de quelques pages extraite des travaux de la Société centrale d'Agriculture du département de la Seine-Inférieure et contenant sur l'usage des semoirs mécaniques les instructions les plus précises et les plus lumineuses. Cette publication se distribuait au concours de Battersea, par les soins de MM. Smith et Fils, et on ne peut que les féliciter de cette heureuse pensée. Leur semoir nous a du reste paru celui qui répondait le mieux à toutes les exigences de la culture. Au moyen des diverses combinaisons de chaque mécanisme, il présente vingt-huit variations dans la quantité de semence qu'il peut répandre. Il est donc difficile qu'il ne réponde pas à ce que peuvent exiger, soit les différentes natures du sol, soit les différentes natures de graines. Les prix de ces semoirs varient selon leur dimension de 640 à 910 francs.

Nous avons remarqué du même constructeur un semoir à engrais muni de grattoirs mobiles servant à décrotter complétement les cuillers lors de l'emploi d'engrais pâteux ; avantage dont les cultivateurs qui ont fait usage des semoirs à engrais peuvent facilement apprécier la grande importance. Le même instrument permet, par les différentes combinaisons de mécanisme, de faire varier la quantité d'engrais répandu sur une même surface de quatre à soixante boisseaux. — L'instrument, d'une largeur de 2^{m} 16^{c}, est coté 525 francs.

A l'occasion de ces instruments, nous croyons pouvoir remercier M. Piednue jeune, à Dieppe, correspondant d'un grand nombre de constructeurs anglais et s'occupant particulièrement des semoirs, de toutes les facilités qu'il nous a procurées dans notre visite à Battersea.

Parmi les variétés de semoirs nous devons signaler celui destiné à semer les betteraves ou turneps en ados, et qui en sème deux lignes à la fois ; l'instrument consiste en un double rouleau concave dont chacun a pour but de donner à chaque sillon sa forme arrondie en même temps qu'il y dépose la semence ; cet instrument est coté 150 francs. Nous l'avons retrouvé employé pratiquement dans un grand nombre d'exploitations, et les fermiers nous ont dit en être satisfaits pour les terrains dont l'humidité exigeait la culture en ados.

L'usage de la houe à cheval est la conséquence naturelle de l'emploi du semoir, comme l'emploi préalable du semoir est la condition indispensable de l'emploi qu'on veut faire utilement plus tard de la houe à cheval. En effet la régularité des lignes et le maintien des distances entre elles permettent seuls d'employer ces houes sans compromettre l'existence même des emblaves.

Parmi le grand nombre de celles exposées à Battersea on peut signaler particulièrement celle de MM. Garrett; nous nous rappelons l'avoir critiquée dans notre rapport sur l'exposition de 1855, tant au point de vue de son prix élevé qu'à cause de la complication de son mécanisme. Le prix n'a pas varié et l'instrument coûte toujours de 400 à 600 francs; mais au point de vue de son emploi pratique, nous l'avons vu manier avec tant d'aisance et de facilité dans plusieurs fermes qu'il nous est impossible de ne pas revenir à cet égard sur nos impressions de 1855.

M. Darby a exposé, sous les n°s 689 et 690, des hóues à cheval d'une disposition fort simple, mais ayant ce caractère particulier que la tige horizontale sur laquelle sont montés les couteaux reçoit au milieu une articulation qui permet d'en incliner les deux parties au moyen des deux mancherons, l'un à droite, l'autre à gauche, de sorte que l'ensemble de l'instrument peut ainsi prendre la forme des sillons, tandis que les houes ordinaires ne peuvent s'appliquer que dans les cultures parfaitement plates. Ces instruments sont cotés, selon leur dimension, de 162 à 262 fr.

MM. Eaton et fils ont exposé sous les n°s 278 et suivants plusieurs houes à cheval auxquelles est adapté ce qu'ils appellent un éclaircisseur de turneps ou de betteraves. Cet instrument présuppose un semis fait en ligne, les graines très-pressées, les plantes poussées avec une vigueur uniforme, de sorte que l'opération du dépressage puisse être faite sans choix et abandonnée à un instrument aveugle. Ceci posé, l'engin dont nous parlons est fort ingénieux; il consiste en une roue armée par intervalles de couteaux ayant entre eux la distance que l'on veut laisser entre chaque plant; la roue est suspendue au-dessus de terre au moyen d'un cadre, et lorsqu'elle reçoit le mouvement par la mise en marche de tout l'instrument, chaque couteau vient à son tour toucher le sommet du billon qui a reçu la semence; il enlève toutes les tiges qu'il rencontre, le couteau suivant en fait autant et il ne reste que les plants correspondants aux espaces compris entre les couteaux. Cet instrument est coté 160 francs. Nous l'avons vu non-seulement à l'exposition, mais encore dans les fermes.

Les semoirs allemands qui figuraient à l'exposition universelle diffèrent des semoirs anglais surtout en ce point, qu'au lieu de disposer les semences en ligne, ils ne sèment qu'à la volée ; ils sont de plus d'une très-grande dimension. Ainsi celui exposé sous le n° 1330 par M. Eckert, de Berlin, n'a pas moins de 3m 50 de développement; il est coté environ 300 francs. Celui de M. Agislsky, de Posen, est du même système et à peu près de la même dimension. Ces instruments nous ont paru, comme tous ceux de l'Allemagne, simples de mécanisme et d'un prix relativement assez bas ; mais avant de les recommander il faudrait les avoir vus fonctionner.

---

§ III.

Moissonneuses et faucheuses.

Les machines à moissonner et à faucher étaient en assez grand nombre à l'exposition, mais ne présentaient, comparativement à celles que connaissent généralement nos cultivateurs, rien de bien nouveau. Ces machines, dont l'apparition fut le grand événement de l'exposition de 1855, sont entrées dans cette période ou admises comme possibles ; il leur reste à conquérir les perfectionnements de détails qui doivent les rendre complétement pratiques.

L'examen de l'exposition de Londres ne nous semble pas faire faire un grand pas à la question ; jusqu'à présent, il reste toujours vrai que ces machines, généralement satisfaisantes pour faucher, n'ont pas encore résolu la difficulté de former les javelles sans l'intervention d'un personnel nombreux, d'où l'on peut conclure que si la faucheuse pratique est trouvée, la moissonneuse pratique ne l'est pas encore complétement.

Nous devons cependant signaler le nouvel essai de râteaux automoteurs que présentait la moissonneuse exposée à Battersea sous le n° 2030, par MM. Ransomes et Sims, et inventée par M. Robinson, de Victoria. Cette machine offrait encore cette particularité qu'étant munie d'une roue motrice très-grande, il suffisait d'un seul engrenage pour donner à la scie la rapidité de mouvement à laquelle les autres machines n'arrivent que par un double engrenage. Cette simplification mérite d'être signalée comme toutes celles qui diminuent les chances d'accident; l'instrument était coté 1,000 francs. Toutefois nous devons dire que n'ayant pas vu la machine fonctionner, il est impossible d'avoir à son sujet une idée bien arrêtée. Il est à regretter en effet que le concours de Battersea n'ait pas été accompagné d'expériences pratiques pour les faucheuses et moissonneuses comme celles qui ont eu lieu à Farningham pour la culture à vapeur. C'est sans doute à l'époque de l'année qu'il faut l'attribuer : aucune récolte de céréales n'était mûre à ce moment.

Aussi les expériences de Grignon auront-elles été à cet égard plus intéressantes que la simple inspection des machines en repos au parc de Battersea.

Faneuses. — Ces instruments sont devenus aujourd'hui d'un usage courant en Angleterre; on ne circule pas une demi-heure en chemin de fer, à l'époque de la fenaison, sans en voir un grand nombre dans les champs. En effet la seule objection que font encore à leur égard les cultivateurs français, qui auraient à les employer plutôt dans les prairies artificielles que dans les prairies naturelles, disparaît en Angleterre, où la prairie naturelle couvre près de la moitié du sol.

Le nombre de ces instruments à l'exposition devait donc être et était en effet très-considérable ; il n'est pas besoin de les décrire, tout le monde dans notre département les connaît. Ils ne différaient guère entre eux que par quelques détails d'exécution sur la supériorité desquels les uns à l'égard des autres la pratique seule peut prononcer. Ces différences portent particulièrement sur les diverses manières de produire la double action qui fait tourner les rouleaux tantôt en avant, tantôt en arrière ; dans la faneuse de Nicholson le mécanisme sur lequel il faut agir pour produire l'un ou l'autre mouvement est renfermé dans une boîte, qu'il est nécessaire d'ouvrir quand on veut changer la marche de l'instrument. On reproche à cette combinaison d'exposer alors le mécanisme à recevoir la poussière que soulève toujours la machine, ce qui peut être une cause d'encrassement.

Howard et d'autres produisent le changement de mouvement au moyen d'un embrayage qui se meut par un levier extérieur et permet ainsi de ne pas ouvrir la boîte qui recouvre les pignons. L'usage seul nous semble devoir prononcer définitivement sur l'utilité de cette innovation qui, à première vue, paraît heureuse, mais sur laquelle cependant nous conservons quelques doutes à cause de la force qu'exige la manœuvre de ce levier. Une autre innovation, introduite par MM. Smith frères, consiste : 1° dans la substitution d'un cylindre plein aux tiges qui dans les autres faneuses supportent les râteaux armés de dents ; 2° dans la disposition même de ces dents : au lieu d'être placées comme dans les faneuses ordinaires au nombre de six sur des lignes parallèles occupant toute la largeur du cylindre et attaquant le foin toutes à la fois, les dents sont ici échelonnées deux par deux sur trois lignes qui partagent l'espace autrefois compris entre chaque rangée de dents, savoir : deux à l'extrémité gauche sur la première, deux au milieu sur la seconde et deux à l'extrémité droite sur la troisième, et ainsi de suite en reprenant de gauche à droite. De sorte qu'il n'y a jamais que deux dents en contact avec le foin, mais qu'il y en a toujours deux. On comprend que les chances d'engorgement en doivent être notablement diminuées.

Rateaux.— Quant aux râteaux à cheval, nous n'avons remarqué aucune innovation notable à ceux que nous connaissons généralement, si ce n'est peut-être la substitution des dents en acier aux dents en fonte; il en résulte une beaucoup plus grande solidité, et beaucoup moins de chances de rupture moyennant une augmentation de dépense très-peu considérable. On peut continuer à recommander parmi ces divers râteaux celui de Smith et Ashby primé dans la plupart des concours français; il se distingue par la simplicité du système employé pour relever le râteau sans levier, sans chaîne, sans contre-poids, uniquement au moyen de deux quarts de cercle contrariés s'appuyant l'un sur l'autre.

Ces râteaux, grâce à la plus grande solidité de leurs dents, paraissent recevoir aujourd'hui d'autre destination encore que celle de ramasser le foin; on les emploie au travail de la terre pour arracher le chiendent et remplacer le scarificateur dans les champs de jeunes graines.

---

§ IV.

Machines à battre tarares.

L'examen des machines à battre exposées par les Anglais suggère d'abord cette observation, qu'elles sont presque toutes montées sur des roues et locomobiles; à peine voit-on un échantillon de machines fixes. Cela tient à l'usage presque exclusif des meules, à l'absence presque universelle des granges dans les fermes et à l'abandon que nous avons pu constater du petit nombre de celles qui existent encore dans les anciennes exploitations rurales. Nous citerons à ce propos un exemple frappant que nous avons été à même de voir dans notre voyage. Nous visitions une ferme à cinquante lieues de Londres; nous demandâmes au fermier à voir sa machine à battre; il nous répondit qu'il avait une machine locomobile qui travaillait en ce moment chez un voisin dont la ferme n'était qu'à quelques pas de lui; nous nous y rendîmes de suite, profitant de cette occasion pour voir une nouvelle ferme. La machine travaillait en effet à battre une meule de blé située à cinquante mètres environ des bâtiments. Mais quel ne fut pas notre étonnement lorsque, visitant cette seconde ferme, nous trouvâmes dans la grange une machine à battre fixe, desservie par une machine à vapeur fixe! Sur la question faite au fermier pourquoi n'employait-il pas sa propre machine en rentrant son blé, il nous démontra, par les chiffres, le crayon à la main, qu'il lui était plus économique de louer la machine locomobile de son voisin, plutôt que de faire les frais d'approcher le blé de sa propre machine et de reporter ensuite la paille après le battage au lieu où elle devait être empilée; ce fait peut paraître surprenant; nous ne le recommandons pas moins à l'attention et à l'étude de tous les cultivateurs qui nous liront.

Nous croyons devoir mentionner à cette occasion que le prix demandé en Angleterre par les entrepreneurs de battage est de beaucoup inférieur à celui exigé par les nôtres.

Les conditions sont du reste les mêmes dans les deux pays : l'entrepreneur fournit la machine et deux hommes, nourris par le fermier ; ce dernier fournit en outre le charbon et les autres ouvriers. La location de la machine se paye à l'heure; mais le prix n'en est en Angleterre que de 2 fr. 50 c. au lieu de 3 fr. 50 c. que nous payons en France.

Le caractère principal des machines à battre anglaises est leur très-grande puissance et la multiplication de leurs mécanismes. Les cultivateurs qui les emploient, se trouvant dans la nécessité d'opérer en plein air, de battre autant que possible une meule dans la journée, quelle que soit sa dimension, et d'accomplir le plus de travail accessoire nécessaire, ne reculent devant aucune adjonction de mécanisme, pourvu que le travail se fasse; ils en sont quittes pour avoir une machine à vapeur ayant quelques chevaux de force de plus. Celles employées à l'exposition de Battersea pour mettre en mouvement les machines à battre qui fonctionnaient devant le public avec tous leurs accessoires étaient en général d'une force de huit chevaux.

Parmi ces machines, nous avons particulièrement remarqué, pour leur parfaite exécution, celles de MM. Garrett et fils. Ces machines peuvent battre jusqu'à 100 hectolitres par jour. Leur prix varie entre 2,100 et 3,200 francs. Elles portent avec elles des tarares perfectionnés rendant séparément, par des orifices divers, les différentes qualités de blé provenant du battage. L'une d'elles a appelé notre attention sur un petit mécanisme spécial destiné à fermer l'entrée du sac qui reçoit le blé lorsque ce sac est plein : le mouvement est produit par le poids lui-même du sac posé sur une bascule; en même temps que le blé cesse d'arriver, une sonnette, mise en mouvement, avertit l'ouvrier préposé au transport des sacs; il résulte en outre de cette combinaison que l'on connaît exactement le poids du blé battu.

Nous avons rencontré dans plusieurs fermes l'application pratique de ce mécanisme qui avait attiré notre attention à l'exposition.

Un grand nombre des machines à battre exposées à Battersea présentaient comme annexe un appareil destiné à enlever la paille au sortir de la batteuse et à l'élever au moyen d'un plan incliné à une certaine distance, où elle s'accumule en meule. Parmi ces machines qui reçoivent leur mouvement au moyen d'une poulie de renvoi de la machine à battre elle-même, nous avons remarqué celle de Clayton, exposée sous le n° 1372 et cotée 2,500 francs.

Pour bien saisir l'utilité de cette annexe des machines à battre, il ne faut pas perdre de vue l'organisation de la culture anglaise. Tous les blés sont conservés en meules; lorsque le jour de battre est arrivé, une machine locomobile puissante s'approche de la meule, le travail commence, la meule de paille battue s'élève à mesure que la meule de gerbe s'abaisse, et à la fin de la journée, grâce à la puissance de la machine et à l'ingénieuse disposition de ses accessoires, toutes les gerbes ont été battues; la meule transportée à quelques mètres de distance est reconstituée, mais elle ne contient plus que la paille, et le blé a été rentré au grenier.

Tarares. — Nous dirons peu de chose de ces instruments, malgré leur nombre considérable à l'exposition. Que n'a-t-on pas dit en effet sur les tarares, et que peut-il rester à dire? Nous nous bornerons à signaler un instrument de bonne construction exposé sous le n° 1948, par MM. Ransomes et Simms, auquel peut s'adapter facultativement un rouleau débourreur pour le cas où l'on traiterait des blés provenant de machines à battre qui ne vannent pas. Ce tarare est coté 237 fr. 50 c. Nous signalerons aussi un séparateur exposé par M. Robert-Dobie, sous les n°s 1282 et 1283; il est convenablement établi et annoncé comme devant produire beaucoup d'ouvrage, puisque les plus grands de ces instruments pourraient traiter jusqu'à 100 hectolitres par heure, si l'on en croit le prospectus. Le prix en est élevé et varie, selon les dimensions, de 175 à 700 francs.

§ V.

Machines et instruments divers.

Les hache-paille, les concasseurs, les coupe-racines étaient par centaines à l'exposition; on ne s'étonne pas de cette profusion lorsqu'en visitant les fermes on voit l'usage de ces divers instruments adopté partout sans exception. Il serait impossible de les décrire ou même de les signaler tous ; nous dirons seulement que le hache-paille de Smith et Ashby, le même qui a obtenu la grande médaille d'or à l'exposition internationale de Paris en 1860, nous semble conserver sa supériorité.

Le modèle exposé à Battersea, sous le n° 1693, était coté 237 fr. 50 c. pris en Angleterre; mais il ne faut pas perdre de vue que le chiffre varie suivant la dimension de l'instrument.

Le broyeur à betteraves de Samuel Corbett, sous le n° 4998, nous a paru très-bon; il est côté 162 fr. 50 c. Nous indiquerons aussi le coupe-racines de Ransomes et Simms, exposé sous le n° 1978 et coté 172 francs. Il coupe en tranches et peut recevoir facultativement un sous-diviseur, qui découpe chaque tranche en morceaux pour la nourriture des agneaux.

Les isoloirs pour meules sont d'un usage fréquent, je dirais presque universel; on voit partout, autour de ces fermes sans granges, des pieds de meules préparés en grand nombre, qui ont supporté la récolte de l'année précédente et qui attendent celle de cette année. Dans beaucoup de fermes les isoloirs sont faits en pierre, souvent assez grossièrement, et consistent dans un ensemble de pierres debout sur lesquelles sont posées des pierres plates. Les fermes plus soignées emploient les isoloirs en fer, dont de nombreux modèles figuraient à l'exposition. Nous signalerons celui exposé sous le n° 2091, par MM. Bown et Cie, de 16 pieds anglais de diamètre (4m 87) et coté 245 francs.

Parmi les instruments divers nous avons remarqué ce qu'on pourrait appeler, comme les Anglais, un élévateur ou mécanisme destiné à soulever les fardeaux et notamment les sacs à la hauteur de l'homme qui doit les charger. Il peut être adapté à une brouette, et par conséquent se trouver toujours à la disposition de celui qui doit s'en servir et dont il doit ménager les efforts. Cet instrument, exposé sous les nos 105 et 106, par M. Nicholson, est coté de 65 à 95 francs.

M. Robert Mason, a exposé, sous le no 1488, une bascule annoncée comme destinée au pesage du charbon sur les navires, mais qui pourrait parfaitement servir au pesage des betteraves dans nos exploitations; elle est portative, une caisse y est adaptée, contenant un certain poids. La caisse est fermée par un ressort et dès que la marchandise pesée atteint le poids convenu, le ressort joue, la porte s'ouvre et la caisse se vide. L'instrument est coté 150 francs.

La foule se pressait autour de l'exposition de M. Haucock pour examiner ses appareils à épurer le beurre, et il en débitait séance tenante un très-grand nombre. Cet appareil, fort simple, consiste dans un cylindre ouvert par en haut et fermé dans le bas par une plaque parsemée de trous. Le beurre introduit dans le cylindre est pressé au moyen d'une vis fixée à l'extrémité supérieure et sort par les petits trous du fond comme du vermicelle; il tombe dans un baquet rempli d'eau dans lequel plonge le cylindre. La pression considérable que le beurre a subie, et qui se renouvelle plusieurs fois, finit par le dégager de tout son petit-lait et de tout principe acide.

Les forges portatives sont un instrument dont les cultivateurs intelligents ont depuis longtemps apprécié le mérite et l'utilité. Nous en avons remarqué une dans l'exposition autrichienne, sous le no 561, envoyée par M. Schaller, de Vienne, qui nous semble être ce que nous avons vu de mieux, et de plus simple en ce genre. L'instrument tout entier ne forme qu'un cube de 90 centimètres de haut, de 60 centimètres de long et de 50 centimètres de large. Tout est rassemblé sous ce petit volume, soufflet, foyer, réservoir à eau, compartiment pour les intruments; le tout est monté sur roulettes, ce qui en rend le transport très-facile.

Appareils de transport. — Nous signalerons particulièrement, en ce qui concerne le matériel roulant agricole, l'exposition de Croskill, dont le nom est si célèbre par son rouleau. On y distinguait un distributeur de purin, pour l'emploi des engrais liquides, portant avec lui sa pompe alimentaire et un appareil irrigateur qui semble devoir échapper aux inconvénients de l'engorgement ; le prix en est coté selon la contenance, de 425 à 550 fr.

Nous avons aussi remarqué un appareil dit élargisseur, destiné à s'adapter sur les tombereaux, afin de les transformer en voitures à transporter le foin ou les gerbes. Il consiste dans un cadre qui élargit les deux côtés de la voiture en débordant par-dessus les roues, et qui porte aux deux extrémités d'avant et de derrière des cornes semblables à celles de nos grandes voitures ordinaires. Nous avons trouvé cette voiture à double fin employée dans un grand nombre de fermes, et son usage doit en effet procurer une notable économie ; la petite culture surtout pourrait y trouver avantage.

Pompes. — Parmi les pompes très-nombreuses et de tous les modèles qui ont passé sous nos yeux, nous n'appellerons particulièrement l'attention que sur la pompe à double action exposée sous le numéro 2736, par MM. John-Warner et fils, instrument d'une grande puissance et destiné à fournir de l'eau pour les irrigations ; elle est cotée de 1,750 à 2,375 fr.

L'incendie cause de si grands ravages dans nos fermes qu'on peut bien faire prendre place dans le matériel agricole aux pompes destinées à en combattre les effets ; elles figuraient à ce titre au concours de Battersea. Dans le nombre on en remarquait une, numéro 4629, montée sur chariot pouvant transporter en même temps les hommes destinés à la manœuvre. L'agencement nous en a semblé très-heureux ; le prix, avec tous les accessoires, est de 3,750 fr. ; le constructeur, Merryweather et fils à Londres. (Long-acre.)

---

§ VI.

Culture à la vapeur.

Chaque exposition universelle semble avoir, au milieu des mille objets qui la composent, un objet principal qui captive particulièrement l'attention, une idée qui domine toutes les autres et qui, réunissant à la fois et la nouveauté et un certain degré de maturité, devient l'événement du jour et donne à cette exposition son caractère particulier. En 1855, à Paris, l'objet principal, l'idée capitale, l'événement du jour, c'était la machine à moissonner; on peut dire que cette année, à Londres, c'était le tour des engins destinés à appliquer à la culture la force de la vapeur. C'était là que se portaient à la fois et l'attention turbulente des curieux et l'étude sérieuse des hommes pratiques, et l'espérance des sages novateurs, et l'on peut regarder comme la principale partie de l'exposition le champ d'expériences de Farningham, où pendant trois jours les agriculteurs de tous les pays semblaient s'être donné rendez-vous.

Pour tous ceux qui ont assisté à ces expériences et surtout pour ceux qui, parcourant ensuite les comtés, ont retrouvé, dans un grand nombre d'exploitations fonctionnant paisiblement et solitairement au milieu des champs, ces mêmes instruments qu'entourait la foule bruyante de Farningham, le problème est résolu. Il est démontré que l'on peut pratiquement, avec une locomobile située à l'extrémité d'un champ, une poulie de renvoi placée à l'autre bout et avec une chaîne allant de l'un à l'autre, adapter à cette chaîne tous les instruments quelconques destinés à travailler la terre.

Telle est en effet la portée de cette innovation, que ce n'est pas seulement à la charrue qu'elle peut s'appliquer, mais encore à la généralité des instruments. Ainsi nous avons tort de ne parler en France que de la charrue à vapeur; les Anglais sont plus dans le vrai lorsque, voulant donner un nom à cette révolution nouvelle, ils disent culture à la vapeur (steam cultivation). C'est en effet jusque-là qu'il faut aller, et c'est là qu'on ira.

On conçoit facilement que cette idée première énoncée plus haut, un moteur fixe et une chaîne armée de l'instrument de travail allant et revenant de ce moteur à un autre point d'appui situé à l'extrémité du champ, on conçoit, disons-nous, que cette idée première ait dû passer par une multitude de tâtonnements avant d'arriver au point pratique où elle se trouve aujourd'hui. Il n'entre pas dans notre mission de suivre tous ces détails ; nous n'avons qu'à exposer la question au point où nous l'avons trouvée.

Aujourd'hui deux systèmes dus aux deux constructeurs Fowler et

Howard, résument par leur comparaison l'état actuel du problème de la culture à la vapeur en Angleterre. Tous deux procèdent du même point de départ, le moteur fixe, mais ils diffèrent à peu près dans tous les détails.

La machine à vapeur de Fowler se meut elle-même, ce n'est pas une locomobile, c'est une locomotive; elle vient se placer elle-même au lieu où elle doit travailler, et à mesure que chaque sillon est creusé, elle avance par sa propre force en face du nouveau sillon à faire. Cette même machine porte à sa partie inférieure une roue ou poulie horizontale, qui imprime le mouvement à la chaîne sans fin sur laquelle est monté l'instrument aratoire. A l'autre extrémité du champ, parallèlement en face de la machine à vapeur, se trouve l'ancre qui porte la poulie de renvoi; elle consiste en un chariot monté sur six roues qui sont des disques tranchants, que le poids de l'ancre, augmenté d'ailleurs autant qu'il convient par des objets étrangers, fait pénétrer dans la terre de manière à opposer une résistance suffisante à l'effort du câble et de la charrue. C'est entre ces deux points fixes que l'instrument à bascule, charrue ou autre, va et revient selon que la machine à vapeur agit dans un sens ou dans l'autre. Mais lorsque la zone de terre située entre ces deux points fixes est cultivée, les points fixes doivent se mouvoir à leur tour pour amener la charrue sur une zone nouvelle; nous avons déjà dit que la machine à vapeur se transportait elle-même. Reste à faire mouvoir l'ancre, et c'est ici la partie la plus ingénieuse du système Fowler, car il arrive à ce résultat, toujours par application de la force provenant de la vapeur et sans l'intervention d'aucune autre force. A cet effet, le chariot qui porte la poulie de renvoi et qui repose sur les six roues dont nous avons parlé se trouve mis en communication avec un autre point fixe au moyen d'un câble tendu perpendiculairement aux sillons, et qui s'envide autour d'une seconde poulie située dans la partie supérieure du chariot et sur le même arbre que la grande poulie de renvoi. Quand cette poulie marche, le câble, s'envidant autour d'elle, fait avancer le chariot, qui s'arrête quand elle cesse de se mouvoir. Il fallait donc arriver à pouvoir donner à volonté à cette poulie un mouvement intermittent, selon que le chariot aurait besoin de s'arrêter ou de se mouvoir.

C'est le résultat que l'on atteint très-simplement au moyen d'un embrayage qui permet ou de rendre la poulie solidaire à son essieu, ou de la laisser indépendante; embrayage tellement simple et tellement facile à manœuvrer qu'un enfant pourrait le faire.

On voit que le système Fowler peut être appelé la culture à vapeur par excellence, puisque aucune autre force n'est employée, et que tout s'y fait par l'application directe ou indirecte de la puissance de la même machine. Cette machine est elle-même un des derniers perfectionnements connus de la locomotive ; au lieu de circuler sur des rails comme celles des chemins de fer, elle marche sur la terre en affrontant toutes les difficultés résultant des accidents de terrain. Nous en avons vu aux expériences de Farningham qui, entraînant avec elles quatre ou cinq wagons de terrassement chargés de spectateurs, circulaient à travers champ, coupaient perpendiculairement les chemins creux, franchissaient les haies et les fossés, exécutaient en un mot tout ce qu'on aurait à peine osé demander à une voiture vigoureusement attelée. Au concours de Battersea, ces mêmes locomotives circulaient en tout sens au milieu de la foule en décrivant des courbes de toute nature ; ce spectacle se prolongeait pendant toute la journée.

Le système Howard emploie une locomobile ordinaire et par conséquent nécessite l'emploi d'un cheval ou de deux chevaux pour la conduire sur l'emplacement où elle doit travailler; mais la machine une fois mise en place y reste à demeure. A côté d'elle s'établit un treuil formé de deux tambours autour desquels le câble s'envide alternativement, tandis qu'il se dévide de l'autre. Ce câble enveloppe tout le périmètre de la pièce à cultiver au moyen de poulies fixées avec des ancres à tous les angles de la pièce. Le labour se fait de la même façon avec un instrument à bascule travaillant alternativement en allant et en revenant; mais à chaque fois qu'un sillon est terminé, il faut déplacer les deux ancres entre lesquelles se meut l'instrument, et ce déplacement doit se faire à main d'homme.

L'un et l'autre système emploient, pour empêcher le frottement du câble par terre, de petits supports garnis de poulies et montés sur des roues, dont le nombre dépend de la longueur de l'espace sur lequel le câble s'étend.

Il est facile de comprendre par la description sommaire que nous venons de faire des deux systèmes quels sont respectivement leurs avantages et leurs inconvénients. Howard a un plus grand nombre d'engins à transporter; il exige successivement pour leur mise en action l'emploi de la vapeur, des chevaux et de la force humaine; mais par la multiplicité de ses poulies de renvoi et par la faculté qu'on a de les placer en tous sens, il peut appliquer son système à des pièces de conformation irrégulière; il exige, dit-on, une moindre force de traction.

Fowler, au contraire, n'emploie qu'une force, la vapeur; il demande tous ses mouvements à la mécanique et il les obtient. Mais il exige, pour son application, des pièces régulières et formées à angles droits. Partout où cette condition se rencontre sa supériorité est incontestable.

En tous cas, l'emploi de l'un ou de l'autre peut être dès à présent déclaré possible et pratique. Il ne reste à examiner que la question de dépens·, afin de constater comparativement le prix de la culture habituelle avec chevaux et celui de la culture à la vapeur. Les prix de revient sont choses trop variables pour que nous entreprenions de les fixer ici; chaque cultivateur peut seul le faire en ce qui le concerne par la connaissance qu'il a des mille détails dont la réunion forme le prix de revient d'un ouvrage d'ensemble.

Nous nous bornerons à consigner ici les résultats que nous avons constatés dans les expériences auxquelles nous avons assisté; ils serviront à éclairer les cultivateurs sur la quantité de travail que l'on peut espérer obtenir par l'emploi de la culture à vapeur; le surplus les regarde, et ils sauront bien compléter l'ensemble de la comparaison.

Voici les résultats constatés à Farningham : système Fowler, distance entre le moteur et la poulie de renvoi, 380 yards (350 mètres), soit pour l'aller et le retour 760 yards (700 mètres); durée du parcours, y compris les temps d'arrêt, huit minutes, la largeur de l'instrument étant de 1^{m} 60, et par conséquent celle de la zone labourée tant en allant qu'en revenant, de 3^{m} 20. L'instrument occupait sept hommes et un cheval destiné à approvisionner d'eau la machine; ce personnel peut être diminué sans aucun doute. Cinq hectares ont été cultivés en dix heures; cependant tous les agriculteurs présents s'accordaient généralement à calculer qu'on ne devait guère compter que sur une moyenne de quatre hectares en dix heures, mais que l'on pourrait y compter.

Système Howard, même nombre d'hommes, même distance parcourue, durée du trajet en allant et en revenant, y compris les temps d'arrêt, sept minutes seulement; l'instrument employé ne présentait qu'une largeur de 90 centimètres, ce qui donnait pour l'aller et le retour une zone cultivée de 1^{m} 80. Nous ajouterons à titre de renseignement la déclaration qui nous a été faite à la ferme flamande de Windsor: que l'appareil à vapeur peut être considéré comme remplaçant cinq chevaux.

Un fait de détail que nous avons observé sur le champ des expériences mérite d'être consigné ici, parce qu'il répond à une des objections que l'on entend faire le plus souvent contre l'emploi de ces instruments nouveaux. Dans l'espace labouré par la charrue Fowler se trouvait un trou semblable à une mare desséchée dont les bords pouvaient être inclinés à 15 centimètres par mètre; l'instrument a parfaitement descendu et remonté les deux pentes, et tout l'ensemble du trou était aussi bien cultivé que la surface plane du champ. Dans l'espace parcouru par le cultivateur Howard se rencontrait la limite de deux anciens champs, avec une différence de niveau abrupt de près de 80 centimètres; l'instrument a franchi cet obstacle sans aucune difficulté et sans aucune interruption de travail.

Ce qui frappe surtout dans l'avenir qu'ouvre à l'agriculture l'application de la vapeur, c'est la facilité d'exécuter en un court espace de temps, bien choisi, une grande quantité de travail. Les agriculteurs anglais y aperçoivent déjà autre chose, ce serait l'exécution simultanée de plusieurs des diverses façons que peut réclamer la terre. C'est ainsi que nous avons vu à Battersea, exposé sous le n° 671, tout un groupe d'instruments réunis les uns à la suite des autres au moyen d'un immense châssis, savoir: d'abord un scarificateur très-puissant, puis un rouleau, puis un scarificateur de moindre force, puis deux herses ordinaires, puis des herses en chaînes, le tout devant être mis en mouvement à la fois: c'était comme un véritable convoi d'instruments de diverses natures, donnant en même temps à la terre cinq façons différentes, qui auraient exigé cinq fois le passage des instruments à chevaux. Il est difficile de se rendre compte de la force exigée pour la mise en mouvement de ces cinq instruments fendant la terre simultanément: en tout cas elle doit être énorme. Resterait encore à se demander si l'action de l'air sur la terre entre chacune de ces façons n'est pas un élément de fécondité que ferait disparaître leur exécution simultanée. Nous avons cru toutefois devoir mentionner cette idée, qui n'est peut-être qu'une exagération et une excentricité, pour faire apercevoir tout ce qu'il peut y avoir un jour à tirer du principe de la culture à vapeur.

Nous croyons en avoir assez dit, non pas pour traiter à fond cette question, mais pour attirer sur ce sujet l'attention des nombreux agriculteurs de notre département qui savent réunir la hardiesse au calcul, et qui connaissent le chemin des grands succès en culture. Nous résumerons notre pensée sur ce point en répétant ce que nous disions en quittant l'Angleterre à des cultivateurs qui avaient bien voulu se faire nos conducteurs et comme nos initiateurs dans ce pays : « Nous sommes venus étudier chez vous les éléments de la culture « à la vapeur; mais dans dix ans nous vous aurons dépassés, et c'est « dans le département de Seine-et-Marne que vous en verrez la plus « large et la plus sérieuse application. »

Il nous était d'autant plus facile de tenir ce langage que notre département de Seine-et-Marne est précisément celui où se sont produits les travaux de M. le vicomte de Baulny pour la propagation de la culture à vapeur.

Personne n'ignore le dévouement de notre collègue à cette question, ses sacrifices, les encouragements qu'il a reçus du gouvernement par la commande de dix appareils aujourd'hui livrés, enfin les succès qui s'annoncent pour lui, toutes choses dont nous parlerions avec plus de détails et d'éloges si sa position de membre de la commission ne nous imposait une réserve que tout le monde comprendra, mais qui ne pouvait cependant aller jusqu'au silence.

CHAPITRE II.

CONSTRUCTIONS RURALES.

La seconde partie du programme assigné à la sous-commission consistait dans l'examen des constructions rurales ; il était évident que, pour y répondre, ce n'était pas à l'Exposition universelle qu'il fallait chercher des éléments, mais dans la visite d'un certain nombre de fermes. C'est ainsi que nous l'avons compris. Nous aurions voulu porter, en conséquence, nos pas dans toutes les contrées de l'Angleterre; mais le temps nous a manqué pour accomplir en entier ce projet, qui n'aurait été rien moins qu'un voyage agricole complet dans le Royaume-Uni ; toutefois, en rayonnant autour de Londres à une distance d'une cinquantaine de lieues et dans les directions diverses, nous croyons en avoir assez vu pour répondre, autant qu'il était en nous, à la mission qui nous était confiée. Nous avons eu soin non pas de voir seulement les établissements exceptionnels et les exploitations qui font peut-être plus de bruit dans les journaux et les revues que de profit pour leurs propriétaires. Nous avons, au contraire, cherché à pénétrer dans les exploitations courantes, allant souvent le long des chemins et nous arrêtant au hasard dans de petites comme dans de grandes fermes.

Nous nous faisons un devoir de consigner ici le témoignage de notre reconnaissance pour la bienveillance extrême qui nous a été accordée partout et pour la complaisance avec laquelle les cultivateurs se sont prêtés à répondre à toutes nos questions, dont l'insistance et la multiplicité pouvaient paraître indiscrètes de la part d'étrangers souvent non annoncés et s'introduisant à l'improviste au milieu des enclos et des cours. Nous ne pouvons résister surtout au plaisir de nommer spécialement et de remercier publiquement M. Hill, fermier à Prested-Hall Kelvedon, et particulièrement MM. Hantz père, fils et gendre, fermiers de lord Leigh, à Stonley-abbaye, près de Cowentry; ces derniers nous ont donné, pendant deux jours, la plus gracieuse et la plus cordiale hospitalité dans leurs fermes, et n'ont hésité à nous révéler aucun des secrets de leur culture.

Rien ne ressemble moins à une ferme française qu'une ferme anglaise; les bâtiments y brillent par leur absence : une cour ou quelquefois deux cours environnées de hangars très-bas et fermés d'un seul côté, seulement à l'extérieur, par des planches jointoyées, comme les remises de nos chemins de fer, et ouvertes sur la cour. Un des côtés de ces hangars sert d'abri aux voitures et aux nombreux instruments et machines qui forment le matériel de la ferme; les autres reçoivent les animaux dans les rares intervalles où ils quittent les champs, et même alors ils conservent assez de liberté pour passer à leur gré du hangar à la cour et de la cour au hangar. L'écurie seule est fermée; dans ces cours le fumier s'accumule et pourrit à plaisir. Peu ou point de granges; le petit nombre de celles qui existent tend de plus en plus à se transformer en remises. Par application de la même idée, les bâtiments destinés aux bestiaux ne portent point, dans leur partie supérieure, de greniers ou de cinotages; ils n'ont guère que deux mètres de hauteur au carré.

L'œil cherche aussi inutilement la grande cuisine et la table patriarcale où s'assoient les ouvriers de nos fermes; aucun des agents de l'agriculture n'est nourri par le fermier; ils ont tous, à la portée de la ferme, leur domicile particulier, auquel l'Anglais tient toujours, si petit qu'il soit.

Autour de ces simples bâtiments règne une longue ceinture de meules, soit de foin, soit de blé, soit d'avoine. Si le battage a eu lieu et si la paille a été consommée, les supports en permanence attendent les meules futures. Comme accessoires obligés des meules, sont organisées des bâches soutenues par des mâts et qui forment, au-dessus des meules en construction, une tente provisoire.

A côté de ces cours et communiquant avec elles par une issue souvent dérobée, l'habitation du fermier, quelquefois grande, mais le plus souvent unissant la modestie à la propreté et à l'élégance. Autour de cette maison encadrée de verdure, un jardin orné de fleurs charmantes, presque toujours muni d'une serre, un tapis de verdure, des allées grevées et fermées par une barrière gracieuse, que le fermier, revenant à cheval de la visite de ses prairies et de ses champs, franchit souvent avec la même aisance qu'un cavalier rentrant de la chasse au renard dans les environs de Lemcanton. Ce spectacle, qui, pour des yeux habitués à nos fermes françaises, pourrait sembler un tableau de fantaisie, se répète partout en Angleterre.

Une différence si tranchée avec nos habitudes repose évidemmment sur une cause majeure, qui n'est pas d'ailleurs difficile à trouver. La donnée générale de l'établissement de la ferme découle du système de la culture, et la culture elle-même découle du climat. La base de la culture anglaise est la production du bétail; environ les trois quarts des terres sont consacrés à sa nourriture et un quart seulement aux plantes qui servent directement à la nourriture de l'homme. La culture a donc pour point de départ le pâturage. Ce système devait naturellement se produire sous un climat essentiellement favorable à la végétation des prairies, presque toujours entretenues à l'état d'humidité par le brouillard et les pluies fréquentes, jamais desséchées par un soleil trop ardent, et dont l'éternelle verdure, toujours renaissante sous la dent des troupeaux, fait la richesse de l'agriculture de l'Angleterre, comme elle fait la réputation de ses paysages. Sous ce ciel presque toujours couvert, s'entretient une atmosphère qui échappe également aux trop grandes rigueurs du froid et aux trop grandes ardeurs de la chaleur; les animaux peuvent donc en tout temps en supporter le contact. Le toit qui les abrite, c'est le vaste pavillon brumeux qui recouvre l'Angleterre; on ne leur en construit donc point d'autre.

Il en est de même pour les récoltes de toute nature; le climat, quelque humide qu'il soit, mais à cause de son uniformité de température, pousse beaucoup moins que le nôtre à la fermentation, d'où il résulte une moindre nécessité de soustraire à l'action de l'air et aux variations de la température toutes les matières fermentescibles.

De tout ce qui précède on peut conclure qu'il est assez difficile de comparer une ferme française à une ferme anglaise, il est plus aisé d'en noter les différences. Le fermier français habite sa ferme, le fermier anglais habite à côté; le Français loge et nourrit le plus grand nombre de ses agents; l'Anglais ne loge et ne nourrit personne; le Français cherche à tout abriter, animaux et récoltes ; l'Anglais aspire à laisser tout dehors et n'abrite que le strict nécessaire ; le Français voudrait tout fermé, l'Anglais laisserait volontiers tout ouvert. Il serait impossible et même ridicule de proposer comme exemple absolu à nos cultivateurs et à nos propriétaires une ferme anglaise à construire dans la Brie ; mais ce que l'on peut, ce que l'on doit chercher dans l'étude des constructions rurales de nos voisins, ce sont certaines idées pratiques générales qui sont de tous les temps, et certains détails d'exécution dans lesquels ils excellent. Leur idée capitale, c'est la haine du superflu et du monumental ; la proscription absolue de la dépense inutile n'est nulle part plus pratiquée en Angleterre qu'en ce qui touche les constructions rurales, considérées comme le capital improductif par excellence du moment qu'elles ne sont pas nécessaires. Le fermier ne songerait pas plus à les demander que le propriétaire à les faire ; ils préfèrent l'un et l'autre le drainage de vingt âcres de terre à un bâtiment qui ne servirait à personne.

Une autre idée à prendre aux Anglais, c'est l'utilité, la nécessité de l'aération pour les animaux. Sans aller aussi loin qu'eux, puisque notre climat ne nous le permet pas, nous pouvons cependant faire en ce sens beaucoup plus que nous ne faisons. Nous signalerons particulièrement la combinaison adoptée par eux pour tous les animaux, même pour ceux à l'engrais, de l'établissement d'une petite cour spéciale dans laquelle donne le toit qu'habite l'animal, ce qui lui permet d'unir encore un certain mouvement avec la stabulation permanente à laquelle il doit être soumis.

Il existerait encore une multiplicité de petits détails techniques dans lesquels les dimensions de ce rapport, déjà trop long, ne nous permettent pas d'entrer. Nous nous bornerons à indiquer, comme un endroit où l'on en peut voir un très-grand nombre adoptés en France, la ferme modèle de Vincennes, qui, à coup sûr, doit avoir été visitée par le plus grand nombre de nos cultivateurs et qui devrait l'être par tous.

Il est un point surtout dans lequel excellent les Anglais dans la distribution des fermes nouvellement établies, c'est l'art de grouper dans un petit espace, autour de la machine à vapeur, tous les instruments quelconques qui ont besoin de recevoir le mouvement. Nous ne pouvons nous empêcher de citer comme un exemple en ce genre l'aménagement de la ferme flamande de Windsor. Là, dans un espace restreint, se trouvent disposés, à côté de la machine à vapeur, une machine à battre, un coupe-racines, un concasseur, un aplatisseur, un moulin à farine, un hache-paille, un autre hache-paille spécial pour les féveroles. Tout cela peut se mouvoir simultanément ou successivement selon les besoins de la ferme. Nous croyons pouvoir, en terminant ce chapitre des constructions rurales, engager tous nos compatriotes qui visiteraient l'Angleterre à ne pas manquer de donner une matinée à la visite de cette ferme. Là, le prince Albert, simple fermier de l'État (trait de mœurs assez caractéristique) avait établi une véritable ferme modèle, sans luxe, mais sans omission d'aucun des perfectionnements connus et acceptés par l'agriculture anglaise.

C'est, à coup sûr, un des endroits où le voyageur agricole a le plus à voir et où il est accueilli avec le plus de gracieuseté.

CHAPITRE III.

DISTILLERIES AGRICOLES.

Nous pourrons être aussi court sur ce chapitre que nous craignons d'avoir été long sur les autres ; nous n'avons pas vu en Angleterre une seule distillerie agricole. Cette heureuse combinaison de l'agriculture et de l'industrie est un fruit exclusivement français, et ceux de nos cultivateurs qui ont su y trouver les éléments de leur prospérité n'ont pas emprunté à nos voisins ce secret de leur fortune ; ils ont, comme eux, étudié leur sol et leur climat ; ils ont constaté le plus grand profit qu'on pouvait tirer des éléments que la nature avait mis dans leurs mains ; ils ont su être non pas des copistes serviles mais des imitateurs intelligents de ceux qu'on nous donne pour exemple. Nous ne craignons pas de dire qu'il y a certaines fermes de notre département dans lesquelles, sous ce point de vue, il y a autant à étudier et autant à prendre que dans la plupart des fermes en Angleterre.

En terminant ici ce rapport, nous ne pouvons nous défendre d'une réflexion consolante : chacune des grandes expositions qui ont eu lieu soit en France, soit en Angleterre, depuis douze ans, ont été, de la part de notre département, l'objet d'une étude sérieuse. En 1851, une commission envoyée par le seul arrondissement de Meaux publiait à son retour un rapport plein d'observations curieuses. En 1855 et en 1860, des commissions départementales continuaient ce travail d'étude et d'initiation. Nous venons de relire ces documents déjà vieillis et peut-être oubliés ; que de choses signalées alors comme nouvelles, quelquefois même comme étranges, sont aujourd'hui partout connues, acceptées et pratiquées !

Puisse-t-il en être de même des observations par lesquelles la commission de 1862 s'est efforcée de répondre, Monsieur le Préfet, à la mission délicate que vous avez bien voulu lui confier.

Le Rapporteur,

MARC DE HAUT.

TROISIÈME SECTION.

Produits agricoles, horticoles et alimentaires, — Engrais naturels, artificiels et amendements.

PREMIÈRE PARTIE.

Messieurs,

Dans votre séance du 4 mai 1862, vous avez réparti entre plusieurs sous-commissions l'étude des nombreux sujets pouvant intéresser notre département à l'Exposition de Londres.

Je viens au nom de la troisième section, chargée de l'examen des produits agricoles, horticoles et alimentaires, des engrais naturels, artificiels et des amendements, vous présenter le résumé de ses observations.

Et d'abord, ce programme se divise en deux parties parfaitement distinctes, les produits d'une part, les engrais de l'autre. Un de nos collègues, M. Leroy, qui a fait le voyage de Londres, s'est chargé de vous présenter un rapport détaillé sur les engrais naturels et artificiels admis à l'Exposition. Nous limiterons donc nos études aux produits agricoles, horticoles et alimentaires, sujets déjà bien vastes, car ils comprennent non-seulement les produits végétaux servant à la nourriture de l'homme et des animaux, mais encore les produits eux-mêmes des animaux, qui tiennent une place si importante dans l'agriculture anglaise.

Quant aux engrais, nous nous bornerons à vous en parler au point de vue seulement de leur application et de leur emploi dans les différentes cultures que nous aurons à examiner.

Nous avions pensé d'abord limiter ce travail à la description des produits agricoles, si nombreux et si variés, contenus, soit dans le vaste palais de Kensington, soit dans le parc de Battersea ; mais, après les avoir visités, il nous a paru que la nomenclature et la description de tant d'échantillons divers seraient bien arides et même peu instructives ; en effet, il ne s'agit pas de signaler seulement à votre attention les améliorations que l'agriculture anglaise a apportées à ses produits, mais c'est surtout la recherche des moyens qu'elle a employés pour les obtenir qui doit faire l'objet de nos études. En d'autres termes, après avoir constaté les faits, il faut en déterminer la cause, établir les différences ou les points de rapprochement, sous le rapport du sol, du climat, des systèmes culturaux entre l'Angleterre et notre département, et faire ressortir de cet examen ce qu'il est possible de prendre chez nos voisins, ce que nous devons au contraire nous contenter de constater, en mettant de côté toute idée d'imitation. C'est ainsi que nous avons été amenés à élargir le cadre que nous nous étions tracé, et, après avoir visité les galeries de l'Exposition, à compléter nos études dans les fermes anglaises, afin de rechercher les procédés et les méthodes qui sont employés pour arriver aux résultats dont l'Exposition nous a donné de si beaux spécimens.

Il nous paraît d'abord nécessaire de jeter un coup d'œil sur la physionomie générale de l'Angleterre, sur son sol et son climat. Cet aperçu nous facilitera beaucoup l'examen des faits que nous comptons vous exposer.

En débarquant dans cette île, après avoir traversé les riches plaines du nord de la France, aux cultures si variées, on est surpris de l'aspect complétement différent que présente ce pays. De tous côtés, sur un sol ondulé, coupé de haies et d'arbrisseaux, s'étendent de vastes pâturages; des quantités considérables de bestiaux, bœufs, vaches et moutons, paissent çà et là en liberté. La végétation présente une couleur sombre et vigoureuse; c'est à peine si, de loin en loin, apparaissent quelques champs de céréales. Si on ajoute à cela, un ciel plus ou moins brumeux, des averses fréquentes, on aura une idée de l'aspect général de l'Angleterre.

La prairie est donc la culture dominante du pays. Deux causes ont contribué à ce grand développement : le sol et le climat.

Si l'on considère la nature générale du sol anglais, on trouve qu'il est presque entièrement composé de vastes dépôts de la mer. Dans certains endroits, ces dépôts sont formés d'un sable pur, rebelle à toute amélioration, et qui est resté à l'état de lande. Dans d'autres, et ce sont les plus nombreux, le sol est formé d'un sable mélangé reposant sur une couche argileuse, qui l'a rendu susceptible d'améliorations. Certains comtés, tels que ceux de Lincoln et Cambridge, qui comptent aujourd'hui parmi les plus productifs, n'étaient autrefois que de vastes marais, couverts en partie par les eaux de la mer. D'autres, tels que ceux d'Essex, de Surrey et de Kent, sont formés d'une argile compacte, presque impossible à travailler sans un assainissement complet. Une bande crayeuse traversant l'Angleterre du nord au sud comprend une partie des comtés de Hertford, Wilts et Hants, et vient finir au bord de la Manche, où elle occupe une assez grande largeur. Les sols calcaires sont cependant les moins nombreux ; ceux qui dominent sont les sables reposant sur une couche imperméable.

Tous ces sols sont loin d'être bons; mais travaillés et engraissés de longue date, ils ont complétement changé de nature et sont devenus, pour la plupart, très-productifs. Les sols sablonneux ont été surtout améliorés par l'introduction des racines et de l'assolement de Norfolk ; les sols calcaires, par les prairies artificielles et lespâturages; les sols argileux, par les assainissements, et en dernier lieu par le drainage.

S'ils sont de natures différentes, ils présentent ce caractère, qui leur est commun, de produire spontanément une herbe abondante, et généralement de bonne qualité ; aussi, les Anglais, avec leur sagacité et leur esprit pratique habituel, ont-ils depuis longtemps dirigé tous leurs efforts vers la production de la prairie. Quiconque a visité l'Angleterre peut dire s'ils y ont bien réussi. Sur 20 millions d'hectares cultivés (1) que contiennent les îles Britanniques, huit millions sont en prairies naturelles, et si l'on considère que trois autres millions sont en prairies artificielles, on trouvera que plus de la moitié du sol cultivable est en herbe. Nous ne comprenons pas dans ces chiffres, bien entendu, les pâturages d'Écosse et du pays de Galles, qui s'étendent encore sur plusieurs millions d'hectares.

Ce n'est pas à dire cependant que les prairies occupent partout la même proportion ; ainsi dans les comtés de l'Ouest, où les pluies sont plus fréquentes que dans les autres, les herbages couvrent presque tout le sol. Les comtés de cette région répondent à peu près, par leur nature, à notre Normandie. Il en est de même le long de la mer, où le ciel est toujours très-brumeux, et dans le fond des vallées, dont le sol, formé d'alluvions généralement de bonne qualité, est très-humide ; mais on peut dire, cependant, que partout la prairie domine et est la base de toute culture.

Le climat humide et tempéré de l'Angleterre n'est pas moins favorable à la production que son sol. Par sa position insulaire, par le grand développement de ses côtes, une grande partie de son territoire se trouve rapprochée de la mer et soumise à ses influences. Les vents, qui soufflent le plus souvent de l'ouest, ont traversé l'Océan et sont chargés d'une humidité qui dégénère en pluie au moindre dérangement survenu dans l'atmosphère ; de là une température plus humide, moins froide en hiver, moins chaude en été que sur le continent, ce qui est extrêmement favorable à la végétation herbacée. Celle-ci commence plus tôt, finit plus tard, et souffre rarement d'interruption par suite de cette égalité de température ; mais si ce climat est favorable à la végétation, il est loin d'être agréable, et chacun de nous peut se rappeler avec quel plaisir il a retrouvé, en rentrant en France, la température et le soleil du continent. Nous insistons sur ces caractères du climat de l'Angleterre, parce qu'il a joué un grand rôle dans la marche qu'a suivie son agriculture, dans ses usages, ses méthodes et

(1) Les chiffres statistiques contenus dans ce travail sont tirés de l'*Essai sur l'économie rurale de l'Angleterre*, par M. Léonce de Lavergne.

la nature de ses produits. En effet, si cette humidité est favorable à la prairie, elle est loin de l'être autant à celle des céréales, qui a besoin, pour fructifier, de l'intervention bienfaisante du soleil : aussi n'est-ce pas directement mais seulement par la grande extension donnée aux prairies naturelles artificielles et aux racines que les Anglais sont arrivés à la production des céréales.

Ce fut le célèbre Arthur Young qui fit faire cette révolution à l'agriculture anglaise à la fin du siècle dernier. En même temps que Bakewel et Collins transformaient et amélioraient les races d'animaux, il enseignait à ses concitoyens à tirer le meilleur parti du sol. C'est à lui que l'on doit le fameux assolement de Norfolk, du comté où il a pris naissance, auquel l'Angleterre doit la plus grande partie de sa richesse agricole, principalement les terres légères et sablonneuses, qui sont les plus nombreuses.

Cet assolement est quadriennal, alterne, et présente la succession des récoltes suivantes :

Première année. — Racines (navets, turneps, rutabagas, pommes de terre, betteraves).

Deuxième année. — Céréales de printemps (orges et avoines).

Troisième année. — Prairies artificielles (trèfle, raygrass, thimothy, minette, sainfoin ou même féveroles).

Quatrième année. — Blé.

Cet assolement a été depuis modifié, en donnant une plus grande part aux prairies artificielles et en restreignant d'autant la culture du blé. C'est ainsi qu'on laisse généralement les prairies artificielles occuper le sol pendant deux années : la première on les fauche; la deuxième on les livre au pâturage. L'assolement devient ainsi quinquennal. De plus, la proportion des prairies naturelles s'est encore accrue dans de fortes proportions depuis le rappel des lois sur les céréales, de sorte qu'il est positif qu'elles occupent maintenant bien près de la moitié des terres cultivées. Là où les racines venaient le moins bien, on leur a substitué pour partie les féveroles. Ailleurs, c'est une portion de la sole des prairies artificielles qui a été remplacée par cette plante qui est extrêmement favorable à la culture du blé.

En supposant que la moitié du sol soit en prairie, on trouve donc que le cinquième de l'autre moitié, ou la dixième partie seulement, serait en céréales d'hiver, un autre en céréales de printemps, deux autres en prairies artificielles, et le dernier, enfin, en plantes sarclées et cultures diverses. On voit par là combien les céréales occupent peu de place dans l'assolement anglais; mais nous devons ajouter qu'au moyen de la bonne culture dont elles sont l'objet, on est arrivé à une production très-élevée, ainsi que nous le verrons plus loin.

Telle est la culture anglaise : beaucoup de prairies naturelles ou artificielles, plusieurs racines dont le turneps est la principale, deux céréales de printemps, l'orge et l'avoine, une seule d'hiver, le blé. Toutes ces plantes alternent entre elles par la succession des céréales avec les plantes fourragères et les racines; l'assolement commence par la plante la plus améliorante, le turneps, pour finir par la plus productive, mais la plus épuisante, le blé. Les Anglais ont mis de côté les plantes industrielles, sauf deux : le houblon et le lin.

Nous ne comparerons pas ce tableau de la culture anglaise avec celui que nous présente la France entière; cela nous mènerait trop loin et n'entre pas d'ailleurs dans le cadre plus restreint de ce travail; mais nous le rapprocherons en peu de mots de la culture du département de Seine-et-Marne.

Des différences profondes sous le rapport du sol et du climat existent entre les deux pays. Les terres argilo-calcaires et argilo-siliceuses, qui dominent dans notre département, sont d'une meilleure qualité que les sables, qui couvrent la plus grande partie de l'Angleterre. Les terres fortes et argileuses sont moins difficiles à travailler et demandent un drainage moins énergique que les argiles des comtés d'Essex, de Kent et de Middlesex. Quant à nos terrains calcaires et sablonneux, ils sont dans de bien moins bonnes conditions, parce qu'ils ne peuvent être améliorés par la prairie, comme chez nos voisins, la sécheresse empêchant une végétation assez active pour que l'herbe puisse se défendre contre la dent et le pied des animaux. En Angleterre, ces terres sont celles qui se trouvent dans les meilleures conditions, puisqu'elles profitent de l'extrême humidité; en France, ce sont celles qui se trouvent les moins favorisées, parce qu'elles souffrent le plus des grandes chaleurs de l'été. Cependant, malgré ces désavantages, la généralité du sol de notre département est certainement supérieure à celui de nos voisins, et s'il est moins favorable à la production de l'herbe, il rachète cette infériorité par d'autres avantages, ainsi que nous le verrons plus loin.

Notre climat l'emporte certainement aussi sous plusieurs rapports sur celui de l'Angleterre. Nous n'avons pas de ces brumes épaisses, de ces pluies continuelles qui refroidissent l'atmosphère. La température des étés y est plus chaude, le soleil plus vivifiant; mais, d'un autre côté, nos hivers sont plus longs et plus rigoureux, notre température beaucoup plus variable.

De ces différences de sol et de climat il résulte que si l'Angleterre est un pays essentiellement herbifère, notre département est plutôt granifère. Les chiffres suivants, pris dans la statistique officielle du département de Seine-et-Marne pour l'année 1852 (1), confirment cette assertion.

Sur 573,000 hectares composant son étendue totale, 400,000 sont en terres labourables, 30,000 seulement en prairies, et, sur les 400,000 en culture, 211,000 sont en céréales.

Comme on le voit, les prés sont aux terres labourables comme 1 est à 13, tandis que les céréales sont à l'étendue totale des terres en culture comme 1 est à 9. — Il y a bien loin de ces chiffres à la moitié du sol anglais qui est une prairie, et aux deux dixièmes seulement qui sont en céréales. Tout porte en effet à la culture des céréales dans notre département. En raison de la nature du sol et du climat, on peut les produire directement et on n'a pas besoin, comme en Angleterre, d'y arriver par l'intermédiaire des prairies. Cependant, depuis longtemps déjà, l'action de la jachère a été secondée par les prairies artificielles ; puis les plantes sarclées, et notamment la betterave, sont survenues et ont pris, surtout dans ces dernières années, un très-grand développement, par l'introduction des distilleries agricoles; elles sont encore bien loin cependant d'occuper la même étendue qu'en Angleterre, où elles couvrent presque la dixième partie du sol.

Par l'introduction de ces cultures améliorantes, nous avons pu presque adopter l'assolement alterne des Anglais, qui, en supprimant

(1) La statistique de 1852 étant la dernière publiée, nous n'avons pu nous procurer des chiffres officiels plus récents.

une notable portion de la jachère, nous permet d'alterner la culture du blé avec celle des fourrages et des plantes sarclées. Nous nous trouvons donc maintenant, avec l'aptitude naturelle de notre sol, dans des conditions plus favorables qu'autrefois pour la production des céréales.

Il n'en est pas de même à l'égard des prés, qui sont généralement de qualité médiocre et moins soignés que ceux des Anglais.

Les deux pays ont donc peu de rapport, tant pour le sol que pour le climat ; il en résulte, ainsi que nous le verrons plus loin, des différences profondes entre les usages agricoles et les méthodes culturales. Il ne faudrait donc pas trop se hâter d'imiter nos voisins, tout en admirant les résultats qu'ils obtiennent. Nous avons cherché dans ce préambule, déjà trop long, à établir les différences qui existent entre l'Angleterre et la France ; nous allons entrer maintenant dans l'objet immédiat de ce rapport, qui est l'examen des produits agricoles, soit à l'Exposition, soit sur les lieux mêmes de production.

Les deux maisons les plus importantes qui avaient exposé des échantillons et des produits de cette catégorie à l'exposition anglaise de Battersea étaient la maison Peter-Lawson (qui occupe en Angleterre le même rang que la maison Vilmorin en France), pour les céréales et graines diverses, et la maison Gibbs, plus particulièrement pour les plantes fourragères. Parmi ces échantillons figuraient surtout ceux de blé, qui présentaient de magnifiques spécimens des variétés anglaises, puis des échantillons d'orge, d'avoine, de racines, etc. Le catalogue de la maison Peter-Lawson ne comprend pas moins de 206 variétés de blé, 68 d'avoine, 15 d'orge, outre une nombreuse collection de plantes fourragères et potagères. On voit par là combien les Anglais mettent de soins à créer et améliorer un nombre infini d'espèces qu'ils emploient suivant les sols, les climats, et les diverses conditions culturales. Leurs soins ne se bornent pas seulement aux grains, mais ils s'étendent également aux graminées et aux racines. Ils créent même souvent des plantes hybrides, qui participent ainsi de l'avantage des espèces d'où elles sont tirées.

Toutefois, il ne faudrait pas croire que ces variétés si nombreuses soient toutes aussi cultivées les unes que les autres ; mais elles sont, en tous cas, conservées avec soin, sans mélange et constamment améliorées. Tous les échantillons de blé exposés par la maison Peter-

Lawson étaient de magnifique qualité ; ils se distinguaient surtout par la grosseur et la rondeur du grain, mais provenaient évidemment d'un choix de blé trié à la main. L'exposition anglaise a même, par ce motif, été mise hors de concours : cette circonstance rendait très-difficile la comparaison de ces échantillons avec ceux des autres pays, qui étaient composés, ainsi qu'ils auraient dû l'être tous, de bons blés de commerce, bien nettoyés et épurés.

Les espèces principales que nous avons remarquées sont : le Chiddam blanc et rouge, le Prolific, le Woly-eared, le Victoria, l'Européen, le blé Géant, le plus gros de tous, et le blé rouge d'Écosse, remarquable par la beauté de ses épis et surtout par ses qualités prolifiques. Nous avons aussi admiré de magnifiques échantillons de blé blanc ; cette espèce est très-appréciée en Angleterre et y paraît encore plus cultivée que dans notre département, probablement parce que le climat lui est plus favorable.

Toutes ces espèces ont été importées en France et ont donné de bons résultats, surtout le Chiddam et le blé d'Écosse ; cependant, on a remarqué en général qu'ils sont plus délicats et plus difficiles sous le rapport de l'engrais que les nôtres ; ils sont aussi plus sensibles à la gelée, ce qui rend nécessaire leur acclimatation avant de les cultiver sur une grande échelle.

L'exposition française à Kensington était une des plus complètes en ce genre, puisque, sur 2,000 exposants de produits agricoles, la plupart avaient exposé des échantillons de blé. Parmi les expositions de départements et comices agricoles, nous avons remarqué particulièrement celles : de Seine-et-Marne, qui ne comprenait pas moins de 55 exposants, et présentait de magnifiques spécimens de nos espèces les plus cultivées, telles que le Chiddam, le blé bleu, les blés blancs de Bergues, etc. ; de Seine-et-Oise, qui en comptait 23 ; de l'Aisne, du comice de Lille et des Sociétés d'agriculture de Bourbourg et d'Hazebrouck. — Parmi les Sociétés, on remarquait l'exposition de Grignon, composée de mélanges de plusieurs sortes de blé, pratique assez répandue maintenant, qui offre l'avantage d'atténuer les chances diverses résultant des intempéries et d'élever les rendements moyens, et celle si nombreuse de l'institut normal agricole de Beauvais, qui ne comprenait pas moins de 276 variétés de blé, dont 26 avec farines en issues, 16 variétés d'orge et 23 d'avoine. Il était du reste à remarquer que peu d'échantillons présentaient des blés de belle qualité. Parmi les expositions particulières, nous avons remarqué celles de MM. Hamoir, Gouvion de Roy, Fiévet, Decrombecque et beaucoup d'autres. — Toutes ces expositions renfermaient aussi de nombreux échantillons d'orge, d'avoine, de graines et plantes fourragères, racines, etc., et tous les produits industriels fabriqués dans la ferme, tels que : sucre de betterave, alcool, mélasse, huile de colza, tourteaux, fromages et divers produits chimiques.

Cette énumération fait ressortir de suite les différences qui existent entre notre agriculture et celle d'Angleterre; tandis que celle-ci, en raison des conditions climatériques où elle se trouve placée, ne peut s'adonner qu'à un petit nombre de productions, la France peut au contraire, grâce à la diversité de ses sols et de ses latitudes, étendre à l'infini la nature de ses produits.

Notre exposition de céréales était remarquable par le nombre et la qualité des échantillons exposés ; beaucoup approchaient, pour la forme et la netteté, des espèces anglaises ; cependant, il est certain que, si la composition de nos blés est meilleure au point de vue de la qualité et du rendement en farine, il faut reconnaître aussi qu'ils sont moins corsés, moins réguliers et d'une couleur moins vive que les blés anglais. Cette différence vient évidemment de notre climat, qui est moins égal et qui ne procure pas aux grains une maturité aussi lente et aussi régulière. Les Anglais ont moins à craindre que nous l'échaudage et la rouille, qui causent souvent de si grands dégâts aux récoltes ; mais, par contre, ils ont plus à souffrir de l'extrême humidité, qui empêche souvent leurs grains d'arriver à parfaite maturité, notamment en Écosse et en Irlande.

Les expositions d'Australie et de Californie présentaient certainement les plus beaux échantillons de tous ceux réunis dans le palais de Kensington ; aucune espèce ne pouvait être comparée à leurs blés blancs, si ronds, si fins et d'une couleur si éclatante. Ces spécimens peuvent donner une idée des ressources inépuisables que présentent ces contrées, à peine ouvertes à la civilisation.

L'Espagne avait aussi exposé de très-belles variétés provenant surtout du Nord : celles cultivées dans le Midi se rapprochent des blés durs, qui ne sont employés qu'à des usages spéciaux.

L'Italie nous présentait de beaux échantillons de Richelles, de Naples, si riches en gluten, mais manquant généralement de propreté.

L'exposition de céréales de notre colonie africaine était aussi remarquée, et prouvait que cette culture y est en voie de progrès.

Après ce coup d'œil jeté sur ces diverses expositions, nous passons à l'examen comparatif des méthodes appliquées, en Angleterre et en France, pour la culture des différents produits agricoles.

Blé.

Ainsi que nous l'avons vu plus haut, le blé suit le trèfle dans l'assolement de Norfolk, qui est le plus usité. On le fait sur une seule façon d'automne, sans ajouter aucun engrais, la terre se trouvant suffisamment amendée par les fumures consacrées aux cultures précédentes et reposée par celle du trèfle. En effet, il ne faut pas oublier que les racines, qui occupent la première année dans cet assolement, sont consommées sur place par les moutons, qui laissent ainsi le sol pourvu d'abondants engrais. Cette culture met aussi la terre dans un état parfait de fertilité et de propreté par les nombreux binages qu'elle exige. Les céréales de mars, qui l'ont suivie, n'ont pu enlever qu'une partie de ces engrais, et le trèfle, qui est lui-même souvent fumé, en même temps qu'il a procuré un repos à la terre, l'a de nouveau fécondée par les débris abondants de feuilles et de racines qui sont restés sur le sol. Cette condition du blé fait après trèfle est considérée comme excellente en Angleterre. On sème aussi le blé sur féveroles après deux préparations données à la terre, une façon à l'extirpateur et un labour à la charrue. Tous les blés sont semés au semoir, en lignes de 20 à 25 centimètres d'écartement.

On trouve à ce mode plusieurs avantages :

1° L'économie de semence, qui est d'un quart environ sur le semage à la main. On sème ordinairement à raison de deux buschels par acre (le buschel est de 36 litres), soit environ 160 à 175 litres l'hectare, au lieu de 2 hectolitres 1/2 qu'il faudrait à la main; quelquefois même, par exception, dans les sols les plus riches on restreint la semence à un buschel ou un buschel et demi, l'acre.

2° La facilité de pouvoir sarcler les blés, soit à la main, soit à la houe à cheval. Ce dernier mode demande, il est vrai, plusieurs conditions pour être utilement pratiqué : il faut d'abord que le semis en lignes soit fait très-régulièrement, sans quoi on serait exposé à enlever des lignes entières; il faut aussi de très-bons instruments, des chevaux bien dressés et un conducteur expérimenté. Malgré ces difficultés, les Anglais binent couramment leurs blés à la houe à cheval et tirent de cet instrument un excellent parti. Ils donnent ainsi, au printemps, une ou deux façons qui activent singulièrement la végétation dans ce sol froid et humide.

3° La force plus grande qu'acquiert la paille par la diffusion régulière de la semence et l'espacement des lignes. Elle peut ainsi résister plus énergiquement à la verse, qui est souvent cause d'une si grande dépréciation sur les récoltes de blé. Chacun de nous, en parcourant les campagnes anglaises, a pu en effet constater l'absence presque complète de blé versé, malgré l'extrême humidité de l'année. D'autres causes contribuent probablement à ce résultat, telles que la culture des racines, le drainage, les labours profonds et l'habitude de ne pas fumer directement le blé; mais le semis en lignes en est certainement une des principales. Les blés semés au semoir présentent en général moins d'apparence que ceux semés à la main, parce que la paille est moins abondante; cependant nous avons tous pu nous rendre compte, à la beauté des épis, que ces blés étaient susceptibles d'un fort rendement.

D'après les statistiques anglaises, qui remontent à plus de dix ans, le rendement moyen à l'hectare était de 25 hectolitres; nul doute qu'il n'ait augmenté depuis : d'abord, par l'extension qu'a prise le drainage, puis par la diminution des quantités de terres emblavées en grains, qui ont été restreintes au profit des prairies depuis les changements survenus dans la législation sur les céréales; enfin par les progrès agricoles de toutes espèces.

Dans presque toutes les exploitations que nous avons visitées, on nous a déclaré des rendements de 4 à 5 quarters l'acre, soit 27 à 35 hectolitres l'hectare. Ces chiffres paraissent n'avoir rien d'exagéré, eu égard aux conditions excellentes d'engrais, de préparation du sol, dans lesquelles les blés sont faits, et surtout si l'on considère que leur retour n'a lieu dans la même terre qu'à de longs intervalles. Il est douteux, toutefois, que la récolte de cette année atteigne la moyenne ci-dessus (1): contrariés par une humidité persistante, les blés avaient, au commencement de juillet, de vingt à vingt-cinq jours de retard, et leur floraison s'accomplissait par un temps très-défavorable; mais ils ne présentaient pas cependant ces manques complets comme on en voit souvent en France. Malgré ces circonstances, nous avons encore vu de beaux blés, autant du moins qu'il était possible de les juger à cette époque peu avancée : en Écosse, par exemple, le 12 juillet, les blés d'hiver étaient à peine en fleur, et les blés de mars commençaient seulement à épier. Les rendements qui nous ont été déclarés dans ce pays sont supérieurs à ceux de l'Angleterre. Chez M. Gibson de Woolmeet, à quatre milles d'Édimbourg, les rendements ne sont pas moindres de 5 à 7 quarters par acre écossaise de 51 ares, soit de 30 à 40 hectolitres l'hectare. Ce rendement peut paraître considérable comme moyenne; cependant, si l'on considère que le sol, formé d'un sable gras, profond, à sous-sol d'argile, est entièrement drainé et amélioré de longue date par les engrais d'Édimbourg, ce rendement ne surprendra pas. Pourtant ce sol, ce climat étaient bien peu favorables à la production du blé; car, il y a à peine cent quarante ans, non loin de cet endroit, chacun accourait admirer, comme un phénomène, un champ de blé qui avait mûri là où on croyait jusqu'alors que l'avoine seule pouvait prospérer.

Si nous comparons maintenant la culture du blé en Angleterre avec celle de notre département, nous trouvons que, dans nos grands centres agricoles, surtout dans toutes nos belles exploitations, où, depuis un certain nombre d'années, les plantes sarclées ont pris une place importante dans l'assolement, cette culture est faite dans des conditions au moins aussi bonnes qu'en Angleterre.

Partout, depuis vingt ans, les progrès ont été considérables. Le drainage, en assainissant les terres humides, a rendu les labours plus faciles

---

(1) Ce travail a été fait à une époque où les résultats définitifs de la récolte n'étaient pas encore connus : aujourd'hui, on sait qu'elle a été, en Écosse surtout, une des plus mauvaises que l'on ait vues depuis de longues années, et que les rendements ne dépasseront pas en moyenne de 18 à 22 hectolitres l'hectare.

et a permis de faire les semailles en temps plus opportun. On met de plus en plus de soin à rechercher de bonnes semences et à les nettoyer au moyen de trieurs et autres instruments. Dans beaucoup de fermes de la Brie, les semis en lignes sont maintenant à l'état de pratique régulière, ou au moins à l'état d'essai, et partout on cherche à se rendre compte dans quelles conditions, dans quel sol, après quelle culture, ce mode est le plus avantageux.

Malgré ces progrès réels, si nous considérons, non pas nos exploitations les mieux dirigées, mais l'ensemble de nos cultures, il est certain qu'elles sont encore loin d'avoir atteint la perfection anglaise : ainsi il n'est pas douteux qu'avec un sol et un climat essentiellement favorables à la production spontanée de l'herbe, les terres anglaises sont plus propres que les nôtres. Dans ces conditions défavorables, il a fallu certainement beaucoup de persévérance pour arriver à ce résultat. C'est par l'extension de la culture des racines, par les sarclages répétés dont elles sont l'objet, par une excellente préparation des terres, tenues toujours propres au moyen de binages à l'extirpateur entre les façons à la charrue, par des soins de toute espèce, qu'ils y sont parvenus. Nous appuyons sur ce point, car cette propreté des terres est une des choses qui frappent le plus, quand on visite les cultures anglaises : nous avons encore beaucoup à faire avant d'égaler nos voisins sous ce rapport ; mais nul doute que nous n'y arrivions par l'emploi persévérant des mêmes procédés.

Il faudrait cependant nous garder d'imiter en principe toutes leurs méthodes ; ainsi, nous ne pourrions adopter comme règle la culture du blé après trèfle. C'est une nécessité, dans l'assolement de Norfolk, de faire succéder le blé au trèfle ; on ne peut, en effet, le semer après les turneps, qui, restant presque tout l'hiver sur le sol où ils sont consommés par les moutons, ne laissent la terre libre que pour les ensemencements de printemps. En France, au contraire, il est plus naturel de faire les blés directement sur les plantes sarclées, les betteraves, par exemple, qui, craignant les gelées et devant être consommées à l'étable, sont arrachées dès l'automne et laissent le sol disponible à une époque encore convenable pour y faire les ensemencements. Les blés semés dans ces conditions ont l'avantage de profiter directement et immédiatement de tous les frais faits sur les cultures sarclées, et servent eux-mêmes de transition entre les racines et les fourrages. De plus, dans notre département, les blés sur trèfle réussissent moins bien qu'en Angleterre, parce que le trèfle laisse la terre dans un état d'ameublissement peu favorable à leur réussite : souvent, dans ces conditions, ils se dégarnissent au printemps sous l'influence des gelées et dégels alternatifs; ils sont aussi plus sujets à l'échaudage que les autres par les fortes chaleurs du mois de juin. Les Anglais n'ont pas à craindre cet inconvénient, avec leur climat, où le soleil est sans force, et qui est exempt de brusques changements de température.

A l'égard de notre rendement moyen, malgré tous les progrès que nous avons pu faire, il n'était encore, suivant la statistique de 1852, que de 20 hectolitres 71 litres l'hectare (1). Les rendements de nos grandes et belles fermes de la Brie sont évidemment supérieurs; mais ceux très-médiocres de certaines parties ingrates ou peu avancées de notre département la font descendre à ce chiffre. Une cause aussi de la faiblesse de cette moyenne est le retour fréquent du blé sur la même terre : ainsi, sur 400,000 hectares de terres cultivées dans Seine-et-Marne, nous en avons le quart en blé, soit 100,000 hectares. Il y a loin de là à la dixième partie seulement du sol anglais consacrée à cette culture, par suite de la grande extension des prairies naturelles ou artificielles et des racines.

Nous n'atteignons donc pas encore la production anglaise; mais nul doute que dans l'état de progrès où est notre agriculture nous ne puissions parvenir à l'égaler.

---

(1) La statistique de 1860, dont les chiffres n'ont encore été ni contrôlés ni publiés, constate un rendement moyen de 21 hectolitres 97 litres, soit une augmentation de 1 hectolitre 26 litres sur la moyenne de 1852.

Seigle.

Les Anglais cultivaient autrefois beaucoup de seigle. — Ce grain, en effet, s'accommode très-bien du climat des États septentrionaux. — Par suite des progrès de l'agriculture, il a presque entièrement disparu du sol anglais : il ne sert plus qu'à produire des fourrages verts de printemps, soit semé seul, soit mélangé dans des pois et vesces ou autres légumineuses destinées à être fauchées de bonne heure. — La plupart des terres qui portaient du seigle produisent aujourd'hui du froment. — Les plus médiocres ont été converties en pâturages, et souvent même en prairies d'assez bonne qualité. — Le sol anglais offre, en effet, presque partout cet avantage, que là où la culture des céréales ne donne pas un produit suffisant, elle est remplacée avantageusement par la prairie, qui donne presque sans frais, sous ce climat humide, une abondante nourriture pour le bétail.

Notre climat ne nous permet malheureusement pas de faire de même et, dans beaucoup de sols où le seigle donne un produit médiocre, il est très-difficile de savoir par quel autre produit le remplacer. Cependant, malgré ce désavantage, la culture du seigle se restreint de jour en jour dans notre département ; dans les parties les moins mauvaises, grâce aux progrès de la culture, on a pu lui substituer le méteil ou le blé ; aussi n'est-elle plus pratiquée maintenant que dans les sols les plus calcaires et dans ceux les plus sablonneux, de l'arrondissement de Fontainebleau, par exemple.

Avoine et Orge.

Avoine.

L'exposition de la maison Peter-Lawson ne présentait pas moins de 68 échantillons d'avoine, qui sont loin du reste d'être toutes également répandues. — Les plus cultivées sont la Canadienne à écorce blanche et l'avoine de Tartarie à grappes unilatérales. — Ces deux sortes ne valent peut-être pas pour la qualité nos bonnes avoines de Brie et de Beauce ; mais elles sont susceptibles d'une grande production en grain et paille, sans que la verse soit à redouter, en raison de la grosseur et de la force des tiges. — Cet avantage doit être apprécié surtout si l'on considère que l'avoine, de même que l'orge, vient dans l'assolement anglais après les racines, c'est-à-dire qu'elle est semée dans des conditions très-favorables pour une active végétation. — Dans les sols sablonneux, e tsurtout dans les comtés du Midi, on fait principalement de l'orge; au contraire, dans les terres argileuses, on donne la préférence à l'avoine. — Plus on remonte vers le Nord, plus cette culture prend d'extension. — L'Irlande en récolte considérablement, et de très-bonne qualité. Ce grain tend même à remplacer presque complétement le blé, qui y mûrit difficilement et n'y donne qu'un produit médiocre.— En Écosse, l'avoine est également plus cultivée que l'orge et formait autrefois la nourriture de presque toute la population; elle y entre encore aujourd'hui pour plus d'un quart. — Ainsi, il est d'usage dans les fermes écossaises de donner aux laboureurs, en dehors de leurs gages en argent, une certaine quantité d'avoine, qui varie suivant les localités, pour leur nourriture et celle de leurs familles.

La paille des deux sortes d'avoines que nous avons citées est généralement de mauvaise qualité pour la nourriture du bétail; elle est grosse, dure et ressemble à un véritable roseau. On la jette dans les râteliers, placés dans les petites cours qui sont attenantes aux boxes, où les bestiaux en tirent le meilleur; le surplus est employé en litière.

La moyenne des récoltes d'avoine, constatée par les statistiques d'il y a dix ans, dépasse 30 hectolitres à l'hectare. D'après la statistique officielle de Seine-et-Marne de 1852, cette moyenne n'était dans notre département que de 27 hectolitres 32 litres. Celle constatée par la statistique de 1860 est de 28 hectolitres 70 litres, ce qui accuse une augmentation de 1 hectolitre 38 litres.

Ces moyennes doivent paraître au premier abord au-dessous de la vérité; mais on doit observer que, si nous semons souvent nos avoines dans de bonnes conditions, par exemple sur défrichage de trèfle, de luzerne, quelquefois aussi après des cultures sarclées, dans beaucoup de fermes où on n'a pas encore abandonné la culture triennale, on les

7

sème après blé, ce qui doit diminuer sensiblement la moyenne du rendement. Du reste, la culture de l'avoine est en progrès; on lui consacre beaucoup de guano, surtout à celle faite sur chaume de blé. Nul doute que cette année, par exemple, cette récolte ne soit très-abondante, et que dans beaucoup de fermes bien cultivées les rendements n'atteignent le double au moins des chiffres cités ci-dessus. Les Anglais, ne semant leurs avoines qu'après des racines, n'ont pas de récoltes médiocres : aussi la moyenne de 30 hectolitres que nous avons citée est-elle très-souvent dépassée dans les fermes bien cultivées, où l'on récolte souvent jusqu'à 60 et même 70 hectolitres l'hectare.

L'avoine, de même que toutes les autres céréales, est semée en lignes et sarclée à la houe à cheval ou à la main.

Orge.

L'orge est principalement cultivée dans les comtés du Midi. Sa production atteint à peine la moitié de celle de l'avoine. Elle se partage avec celle-ci la seconde année de l'assolement anglais : on la sème après deux ou trois façons suivies de hersages et roulages, l'orge demandant un sol parfaitement ameubli. — Les diverses espèces d'orge sont moins nombreuses que celles d'avoine : le catalogue de la maison Peter-Lawson en comptait quinze, qui figuraient presque toutes dans son Exposition de Battersea. — La plus cultivée est l'espèce dite chevalier à écorce mince, qui passe pour la plus productive, et est d'une bonne qualité. Depuis quelques années, divers essais de cette espèce d'orge ont été faits en France, et ont donné de très-bons résultats. Il serait à désirer que l'on introduisît dans notre département la culture de cette espèce si appréciée.—La fabrication de la boisson nationale des Anglais, la bière, absorbe près de la moitié de la production totale de ce grain. Une certaine quantité est aussi livrée à la distillation; le reste sert à la nourriture et à l'engraissement du bétail. — La moyenne de la production de l'orge en Angleterre est de 30 hectolitres l'hectare, mais les rendements de 40 et 50 hectolitres sont fréquents et ne doivent pas surprendre, l'orge étant toujours semée, de même que l'avoine, après les plantes sarclées.

Notre moyenne n'atteint pas ce chiffre; la statistique ne constate en 1852 qu'un rendement moyen de 18 hectolitres 6 litres à l'hectare, et, en 1860, de 20 hectolitres 75 litres.

Cette différence avec la production anglaise tient à ce que l'orge, peu cultivée dans nos bonnes terres argilo-siliceuses et argilo-calcaires, l'est surtout dans les terres légères, sablonneuses et calcaires des ar-dissements de Fontainebleau et de Provins, où on la fait généralement, comme l'avoine, après blé. Du reste, la culture de la betterave, qui prend une certaine extension dans ces arrondissements, tend à améliorer celle de l'orge, qui, dans ces terres, remplace souvent le blé.

La récolte d'orge se présentait cette année généralement assez bien en Angleterre et en Ecosse, quoique fort en retard. Au dire des cultivateurs anglais, de toutes les céréales, l'orge était celle qui laissait le moins à désirer.

Plantes fourragères.

A l'Exposition française de Kensington, la maison Vilmorin représentait dignement la France dans cette catégorie. Ses vastes vitrines offraient près de 3,600 échantillons de toutes les graines fourragères et potagères de nos climats, sans compter 800 spécimens de plantes sèches, tinctoriales, textiles, etc. Cette Exposition était évidemment la plus complète et la plus remarquable dans ce genre.

Les principaux exposants anglais étaient les maisons Peter-Lawson, Gibbs et James Carter, dont la spécialité est plus particulièrement les semences de jardin. Toutes les plantes fourragères ou légumineuses employées en Angleterre sont à peu près les mêmes que celles que nous cultivons en France: nous n'en ferons donc pas ici la nomenclature; mais nous examinerons sommairement la culture de chacune de ces espèces, en commençant par les prairies naturelles, qui jouent un rôle très-important, puisqu'elles occupent la moitié du sol anglais.

Prairies naturelles.

Les près sont destinés à être plutôt pâturés que fauchés : ce sont les prairies artificielles qui fournissent la nourriture d'hiver pour l'étable. La pratique du pâturage a été de tout temps en usage en Angleterre, et est encore considérée comme présentant de nombreux avantages.

D'abord, elle épargne la main-d'œuvre, puis elle est favorable à la santé du bétail; elle permet aussi de tirer parti de terrains qui ne seraient pas susceptibles d'une autre culture, et qui, par le pacage, finissent à la longue par s'améliorer. Il n'en est pas de même en France, où, par suite de la différence de climat, les bestiaux ne peuvent rester que pendant quelques mois au pâturage, tandis qu'en Angleterre ils peuvent y être tenus pour ainsi dire toute l'année, sauf les moments où la terre est couverte de neige.

C'est par le pâturage que l'on tire parti maintenant du nord de l'Ecosse. Depuis que la population, de gré ou de force, a été transplantée, au commencement de ce siècle, dans des pays plus fertiles situés au bord de la mer, au lieu de fournir une nourriture grossière et incomplète à cette population restreinte et misérable, ces hautes montagnes, qui ne sont pas susceptibles d'amélioration par la culture, entretiennent maintenant des quantités considérables de moutons, des espèces dites Black-face et Cheviot. C'est ainsi que le comté de Sutherland, un des plus pauvres d'Ecosse, nourrit plus de 200,000 moutons, qui, soit par leur laine, soit par le croît, donnent un revenu de un million de francs par an, au lieu d'un produit presque nul que donnait autrefois la culture.

On conçoit donc toute l'importance que les Anglais attachent à avoir de bonnes prairies. Il est vrai que, depuis une quinzaine d'années, un nouveau système s'est produit, celui de la stabulation permanente, qui supprime complétement les pâturages; les fourrages sont alors tous fauchés et consommés à l'étable, soit en vert, soit en sec. Ce système supprime également les haies, que l'on considère alors comme inutiles et occupant un terrain qui peut être mis en culture; mais il est loin d'avoir encore pris une grande extension, et le pâturage, si enraciné dans les mœurs agricoles anglaises, aura bien de la peine à disparaître. Il est d'ailleurs indiqué par le climat et les besoins de l'agriculture comme la meilleure manière de tirer parti du sol dans beaucoup de cas.

Il y a donc deux sortes de prairies naturelles : celles permanentes et celles temporaires, qui n'occupent le sol que pendant trois, quatre, cinq ou six années, suivant les circonstances. Les premières existent dans tous les terrains les plus humides, dans le fond des vallées ; les secondes entrent dans l'assolement de Norfolk, et forment avec les prairies permanentes la moitié environ de la superficie de la ferme.

C'est dans l'orge que l'on sème ordinairement les mélanges appropriés de graminées destinées à former la prairie. Celles-ci prennent alors dans l'assolement la place du trèfle pour partie, et évitent ainsi son retour trop fréquent. Très-peu de légumineuses entrent dans ces mélanges, qui sont formés des mêmes espèces de graminées que nous employons en France. Semées dans d'excellentes conditions de préparation de sol et d'engrais, ces graines lèvent promptement, et l'herbe couvre rapidement la terre. On fauche plusieurs fois de suite pour activer la végétation et le tallage des jeunes plantes, puis on roule pour empêcher le pied du bétail de les déraciner. La prairie ainsi établie est fauchée une seule fois vers la fin de juin, et livrée au pâturage pendant presque tout le reste de l'année.

On considère que la prairie donne au moins autant de nourriture que les fourrages artificiels, car ce qu'elle rend en moins à la meule, comme disent les Anglais, elle le rend en plus au pâturage. Les prairies sont entourées de toutes sortes de soins; ainsi, dès la seconde année, il est d'usage de les fumer pendant l'hiver avec des fumiers très-décomposés ou bien avec de la poudre d'os, engrais qui, dans ces sols généralement privés de calcaire, fait beaucoup d'effet: on l'emploie ordinairement à raison de 200 kilogrammes l'acre. Souvent aussi on alterne les engrais alcalins ou minéraux avec les engrais organiques, pour maintenir les différentes espèces de graminées et de légumineuses dans la même proportion. Par l'emploi de cet engrais, on évite aussi l'envahissement par la mousse et par les herbes naturelles au sol, qui sont souvent de mauvaise nature. Les autres frais accessoires ne sont pas ménagés; suivant que les terres sont plus ou moins humides, on les assainit par le drainage, ou le plus souvent par de simples rigoles d'écoulement. Les prés, en effet, ne demandent pas à être trop assainis, ainsi qu'on a pu en juger par des essais malheureux de drainage exécutés dans des parties qui n'en avaient pas un besoin urgent (1); de plus, ils sont épierrés, débarrassés des plantes de

(1) D'après ces précédents, le drainage des prés, sauf dans des cas exceptionnels, n'est pas à conseiller en France. Il ne faut pas oublier, en effet, que l'herbe a besoin avant tout d'humidité pour prospérer. Toutes les fois que cette humidité sera en excès, il suffira de lui procurer un écoulement au moyen de simples rigoles, qui assainiront suffisamment la superficie sans dessécher le fond, comme le ferait le drainage. Nos prés ont bien plus besoin d'irrigation que de drainage, et on peut même dire qu'en principe on ne devrait conserver de prairies sous notre climat que là où elles peuvent être arrosées.

mauvaise nature, ressemés par parties, terrassés, etc.; enfin on ne regarde à aucune dépense pour arriver à avoir de bons prés : aussi leur produit est-il considérable. L'unique coupe donne ordinairement 5 à 6,000 kilogrammes de fourrage sec à l'hectare, sans compter le pâturage, qui, par son abondance et sa durée, donne au moins autant.

Les irrigations sont peu répandues en Angleterre : l'humidité naturelle du sol dispense de ces améliorations coûteuses mais si efficaces. Cependant de beaux travaux ont été exécutés dans ce genre : dans le Leicester, le duc de Portland a détourné les eaux d'une petite rivière qui, au moyen d'un large canal, arrose 160 hectares autrefois presque stériles. On fait sur ces prairies deux coupes par an, et, le reste de l'année, elles sont pâturées par des brebis, qui y trouvent une abondante nourriture.

Mais les irrigations qui ont donné les plus beaux résultats sont celles que nous avons visitées près d'Edimbourg, et qui ont été pratiquées sur des terrains en pente qui s'étendent entre celle-ci et la mer jusqu'à la ville de Leeth. Ces prairies, arrosées et engraissées par les eaux vannes de la ville, qui ont transformé le sol en un véritable terreau, donnent des produits extraordinaires; on y fait jusqu'à dix et douze coupes de fourrages verts par an (1). Elles sont louées à des nourrisseurs d'Edimbourg au prix presque incroyable de 1,500 à 2,000 francs l'hectare, qui s'explique, du reste, par l'abondance de la production et par le débouché avantageux du lait que procure la ville d'Edimbourg.

Les foins sont presque tous fanés à la faneuse et ramassés au râteau à cheval. L'usage de ces instruments est maintenant général en Angleterre; ils sont presque indispensables sous ce ciel pluvieux, où il faut profiter des moindres intervalles de beau temps pour sauver le foin par un fanage énergique et rapide. La méthode allemande dite de Klapmayer est aussi en usage dans plusieurs comtés : cette méthode consiste à mettre en meules le foin à moitié fané; puis, lorsque la fermentation s'y est développée assez fortement pour rendre brûlante, au point de n'y pas tenir la main, une barre de fer que l'on introduit dans la meule, on démonte celle-ci, et l'on écarte le foin jusqu'à ce que la

(1) Ce grand nombre de coupes a pour cause non-seulement la richesse des eaux qui servent à l'irrigation, mais encore la douceur et l'humidité de la température des bords de la mer, qui procurent à l'herbe une végétation presque constante. Ces prairies sont fauchées même pendant l'hiver, excepté toutefois pendant les moments où la terre est couverte de neige.

fermentation ait complétement cessé, puis on met de nouveau le foin en meules à demeure, et l'on obtient ainsi un fourrage brun, ayant un goût légèrement acide, que les animaux mangent avec avidité. Cette méthode est toutefois très-délicate dans la pratique, et on est exposé à perdre tout le fourrage si on laisse le tas trop longtemps en fermentation. Du reste, les Anglais rentrent souvent leurs fourrages avant qu'ils soient entièrement secs; ils sèchent ainsi dans les meules après avoir subi une légère fermentation qui en augmente la qualité et ne nuit nullement à leur conservation. En France, nous ne pourrions ainsi rentrer les foins avant d'être entièrement fanés; les alternatives de température développeraient une fermentation active qui, si elle ne les gâtait pas entièrement, les rendrait au moins très-poudreux et leur donnerait une odeur désagréable.

En Écosse, où l'usage des instruments perfectionnés pour travailler la terre est si répandu, on ne se sert pas de faneuse. On a conservé l'ancien mode de fanage à la fourche, mais le râteau à cheval se rencontre dans toutes les exploitations.

Comme chacun le sait, les Anglais ont très-peu de bâtiments de ferme, et mettent tous leurs fourrages en meules au dehors; ces meules se conservent ainsi très-longtemps sans subir la moindre détérioration. La couverture en paille, qui est faite avec beaucoup de soin, est généralement maintenue par des liens qui empêchent le vent de la dégrader. Les meules entamées sont couvertes d'une grande bâche, formant toit, dont la partie supérieure repose sur une perche fixée à deux cordes que l'on peut abaisser ou relever au moyen de poulies fixées sur deux mâts placés à chaque extrémité de la meule. Nous ferons ici la même observation que pour le fanage : ces meules, exposées à un climat plus humide que le nôtre, se conservent cependant mieux qu'en France; la couleur même de la couverture change à peine au bout de plusieurs mois (1).

Nous insistons sur ces effets diffférents du climat dans les deux pays, parce qu'ils expliquent que, si les Anglais peuvent se passer de

---

(1) Une preuve que ces effets tiennent au climat, c'est que plus on s'avance vers le Nord et plus cette conservation est remarquable : Nous en avons été surtout frappé en Ecosse, où la température est cependant plus humide, mais aussi plus égale qu'en Angleterre. En rentrant en France, on s'aperçoit de suite de la couleur toute différente que présentent les couvertures de meules, qui deviennent de plus en plus brunes et avariées au fur et à mesure que l'on approche des environs de Paris.

bâtiments d'exploitation pour conserver leurs récoltes, il nous est complétement impossible de les imiter à cet égard, avec les brusques variations de température de notre climat.

Fourrages artificiels.

Les prairies artificielles jouent un rôle moins important que les prés dans l'agriculture anglaise ; cependant elles occupent encore la sixième partie environ des terres cultivées. Les principales sont le trèfle et le raygrass. Le sol généralement frais et siliceux convient beaucoup à la culture du trèfle ; il est reproduit tous les quatre ans, ce qui est évidemment trop souvent : aussi, pour atténuer cet inconvénient, on le mélange, soit avec des graminées, soit avec du raygrass.

On alterne aussi le trèfle avec des légumineuses, telles que des pois, des vesces d'hiver ou de printemps. Parmi ces légumineuses, le pois-perdrix et la vesce écossaise sont des espèces nouvelles très-productives, et dont l'essai pourrait être utilement fait en France.

Le trèfle est ordinairement consommé à l'étable, en sec, pendant l'hiver. On le fauche une ou deux fois la première année, puis on le livre au parcours des bestiaux ; la seconde année il est seulement pâturé.

Par une singularité que la chimie explique probablement, les purins, le guano et autres engrais artificiels font peu d'effet sur le trèfle ; aussi n'est-il généralement fumé qu'avec du fumier de ferme très-décomposé, ainsi que nous avons pu le constater dans plusieurs exploitations ; ordinairement c'est la seconde année, pendant l'hiver, que l'on ajoute cette fumure. La culture du trèfle, depuis si longtemps en usage en Angleterre, tend à diminuer depuis l'introduction du raygrass d'Italie, qui est susceptible d'un produit bien supérieur. Nous nous arrêterons quelque temps sur cette plante remarquable, et nous examinerons aussi l'emploi des engrais liquides, qui produisent sur elle de si grands effets.

La culture du raygrass anglais, pratiquée depuis déjà longtemps en Angleterre, a été peu à peu remplacée par celle du raygrass d'Italie, qui est susceptible d'une bien plus forte production. Malgré son origine méridionale, il prospère dans les régions les plus septentrionales, et sa culture s'est rapidement répandue depuis les comtés du midi de l'Angleterre jusqu'aux extrémités de l'Écosse. En général il n'occupe le sol que deux ans; mais, par la promptitude de sa végétation et par la facilité avec laquelle il s'assimile les engrais, il est susceptible d'un produit extraordinaire. On cite des fermes, en Écosse, où, dans des conditions excellentes de culture et d'engrais, il est fauché jusqu'à huit fois : ceci est évidemment une exception ; mais il donne généralement, dans les conditions ordinaires, de quatre à six coupes par an. Le raygrass est dur, d'un fanage et d'une conservation difficiles, mais excellent à consommer en vert; il est nourrissant, très-laitier et offre cet avantage, que, même donné en très-grande quantité, il ne dévoie pas les animaux. Ses racines, qui pénètrent peu profondément (c'est ce qui explique sa facilité à s'approprier les engrais), fatiguent peu le sol et laissent de nombreux débris qui compensent largement la nourriture qu'elles lui ont prise. Mais, si cette plante est susceptible d'une grande production, aucune n'est plus difficile sous le rapport des conditions de sol et d'engrais; ordinairement on ajoute, après presque chaque coupe, un supplément de guano, ou mieux encore on l'arrose au purin, soit au tonneau, soit d'après le système Huxtable ou Kennedy, dans le petit nombre de fermes qui l'ont adopté. Puisque nous avons prononcé ce nom, nous en profiterons pour entrer dans quelques détails sur l'application de ce système, qui produit justement sur le raygrass ses effets les plus merveilleux.

Il a été inventé il y a une vingtaine d'années par M. Huxtable, et appliqué pour la première fois dans le comté de Dorset. Il consiste dans l'emploi à l'état d'engrais liquide de toutes les déjections des animaux, préalablement recueillies dans des fosses, où elles sont mélangées avec trois ou quatre fois leur volume d'eau environ; cette proportion varie suivant la température: ainsi, par les grandes chaleurs, on l'augmente notablement; par les temps frais et humides, on augmente au contraire celle des déjections.

Des tuyaux distribuent cet engrais dans tous les champs, où, au moyen de pompes, on le répand sur les diverses cultures. Sous le climat humide de l'Angleterre, on conçoit l'effet rapide et énergique qu'il doit produire. Il se trouve assimilé immédiatement par les plantes, et leur procure une végétation des plus actives. Dans ce système, l'emploi du fumier à l'état solide disparaît complétement; tous les produits de la ferme, y compris les pailles, sont hachés et mélangés à d'autres substances plus nourrissantes, telles que grains, tourteaux, etc., et doivent passer par le corps des animaux pour être réduits à l'état d'engrais liquide.

Ce procédé a donné, lors de son apparition, les plus grandes espérances; on voyait déjà l'agriculture anglaise complétement transformée: quand, par le pâturage, on parvenait tout au plus à entretenir une tête de gros bétail par hectare, on pensait qu'au moyen d'une stabulation permanente on pourrait porter ce nombre à deux et même trois, et augmenter ainsi considérablement, par la masse des engrais obtenus, la production totale en grains et fourrages. L'étendue entière de la ferme aurait pu être soumise à l'assolement alterne par la suppression des pâturages, et, en même temps qu'on aurait diminué la surface des cultures améliorantes, on en aurait augmenté les rendements par une plus grande production d'engrais.

Ces espérances toutefois ne se sont pas réalisées jusqu'ici, et, soit que les frais d'établissement aient été jugés trop considérables, soit que ceux de réparation absorbent la plus grande partie des économies du système, soit enfin que cet engrais ait été jugé peu favorable à la production des céréales, but de toute amélioration agricole, toujours est-il que le système Huxtable a pris peu d'extension jusqu'ici, et qu'il n'est appliqué que dans un petit nombre de fermes, généralement de peu d'étendue, et la plupart situées dans des pays d'herbages, à proximité des villes, où on trouve généralement, en Angleterre, un débouché très-avantageux à la production du laitage. Ainsi, on peut citer pour exemple la petite ferme de Cunning-Park, du comté d'Ayr, de vingt-quatre hectares de superficie, où le produit brut est monté de deux cent cinquante à quinze cents francs par hectare par l'application de ces nouveaux procédés. Le nombre de vaches entretenues est de 48 à 50, c'est-à-dire de deux par hectare : on ne fait du reste que du beurre et du lait à Cunning-Park.

Chacun de nous a pu visiter la ferme de M. Méchi, à Tiptree-Hall, où ce système est également appliqué, et se faire une idée des magnifiques résultats qu'il donne sur les prairies, sur toutes les légumineuses, et surtout sur le raygrass d'Italie, qui est, comme nous l'avons dit, la plante qui paye le mieux les engrais liquides.

Nous avons visité cette ferme dans les premiers jours de juillet, et on allait commencer à faucher la troisième coupe de ce fourrage, qui était aussi forte et aussi abondante que la seconde, dont une partie restait encore sur pied. Quant au trèfle, qui venait d'être coupé, on a pu remarquer qu'il était fumé avec du fumier de ferme très-décomposé, au lieu d'être arrosé au purin, engrais qui, comme nous l'avons dit plus haut, fait très-peu d'effet sur cette plante fourragère.

Les fèves, arrosées abondamment à l'engrais liquide, présentaient une magnifique végétation, et leurs tiges atteignaient plus de deux mètres de hauteur. L'apparence des betteraves et des turneps était aussi très-belle : nulle part nous n'en avons trouvé d'aussi vigoureux et d'aussi avancés pour la saison; il est vrai que la terre était d'une propreté remarquable, et qu'outre la façon de l'espacement, qui avait été donnée à la main, l'excellente houe à cheval à quatre socs de Garret, que nous avons vue fonctionner pendant notre visite, était déjà passée trois fois entre les lignes.

On nous a déclaré que ces racines rendaient en moyenne 40,000 kilogrammes l'acre, chiffre qui ne nous paraît pas exagéré d'après les produits qui nous ont été annoncés en Écosse, dans des fermes où l'engrais liquide n'était pas employé.

Il est donc hors de doute que l'effet de l'engrais liquide est excellent sur toutes les plantes auxquelles on demande une forte production d'herbes ou de racines : l'assimilation est immédiate et la végétation des plus rapides; mais cette action est beaucoup moins avantageuse pour les céréales, chez lesquelles l'excès de la végétation ne peut dépasser certaines limites, sous peine de faire perdre par la verse une grande partie de la récolte. Aussi M. Méchi n'arrose-t-il pas le plus souvent directement ses blés à l'engrais liquide : ils n'en profitent qu'indirectement, parce qu'il en reste des années précédentes, et, quand cela ne suffit pas, on ajoute un supplément de guano de 100 à 130 kilogrammes par acre, surtout la deuxième année, quand on fait deux grains de suite. Les orges et les blés que nous avons visités présentaient une magnifique apparence ; ils étaient tous semés en lignes : les blés de seconde année étaient toutefois moins forts, malgré l'addition de guano dont nous venons de parler; quant aux aux avoines, il était difficile de les juger, par suite du retard qu'elles avaient éprouvé, causé par l'humidité de l'année.

M. Méchi ne suit pas l'assolement de Norfolk ; grâce à la suppression du pâturage et à l'abondance des engrais dont il dispose il a pu augmenter beaucoup la sole des céréales : ainsi, sur une étendue de 170 acres, 51 sont en blés, 15 en orge et 14 en avoine : total 80 acres en grains ; le reste est occupé par les racines et les plantes fourragères dans la proportion suivante :

Betteraves......	13 acres.
Turneps.......	6
Fèves.........	20
Pois et vesces..	20
Raygrass......	15
Trèfle.........	12

On voit donc que, par ce système, il est possible de mettre la moitié des terres en céréales, au lieu des deux dixièmes, comme dans l'assolement ordinaire, tout en augmentant la production moyenne. Du reste, il est probable que ces beaux résultats dont nous venons de parler ne sont pas dus uniquement à l'emploi de l'engrais liquide, car, pour être certain d'opérer dans de bonnes conditions, M. Méchi a commencé par défoncer profondément son sol, qui est composé d'un sable maigre reposant sur une couche d'argile imperméable, puis il l'a drainé énergiquement pour le débarrasser de l'humidité qui s'opposait à la culture. Chacun a pu se rendre compte de l'ingratitude de ce sol par les landes et les bruyères qui s'étendent encore jusqu'auprès de la propriété de M. Méchi. Malgré tous ces avantages, le système de l'engrais liquide n'est pas encore complétement jugé, et, s'il a ses admirateurs, il a aussi ses adversaires ; il est probable qu'il ne sera employé avec avantage que pour la production des fourrages, et surtout là où les produits des bestiaux en lait, beurre ou fromage trouvent un débouché avantageux. Il est donc douteux par ce motif qu'il puisse être introduit utilement en France, où le climat est bien moins favorable à la production des fourrages que celui de l'Angleterre, et où le laitage se vend à un prix moins élevé. Ces observations faites sur l'engrais liquide, revenons aux prairies artificielles.

Le raygrass est donc d'une très-grande ressource par l'abondance de son produit ; il peut remplacer avantageusement la luzerne, qui ne vient pas dans le sol généralement granitique et très-humide de l'Angleterre : s'il n'occupe pas la terre aussi longtemps, s'il ne la laisse pas dans un état d'aussi grande fécondité, il est susceptible d'un produit plus considérable, et il est mieux approprié aux besoins de l'agriculture anglaise. On mélange souvent le raygrass soit avec du légumineux, soit avec du trèfle. Dans ce dernier cas, le mélange de la graine, pour un hectare, est le suivant :

25 kilog. de graine de raygrass,
7 — — trèfle,
Et de 3 à 4 — — trèfle blanc.

Cette dernière semence est destinée à garnir le sol et à empêcher qu'il ne soit desséché par le soleil. Dans les terrains secs, où elle viendrait difficilement, elle est remplacée par le thimothy, ou fléole des prés, plante fourragère beaucoup moins exigeante sous le rapport de l'humidité et de l'engrais, mais produisant un foin tardif et assez grossier : d'un autre côté, elle est rustique, et occupe le sol plus longtemps que le raygrass.

Sainfoin.

Le sainfoin, fourrage des terres calcaires, est peu cultivé en Angleterre ; on ne l'emploie guère que dans les mélanges destinés à faire des pâturages temporaires. Cependant, dans les terres calcaires des comtés du Sud et du Nord, il entre pour une notable partie dans la composition des prairies artificielles ; grâce à l'humidité du climat, il peut même donner de bonnes récoltes dans les terrains les plus ingrats : ainsi nous avons vu sur les collines escarpées et fortement calcaires de l'île de Wight, dépendant de la belle propriété de M. Young (1), des pâturages excellents composés de sainfoin et de lupuline. Ces pâturages, sous l'influence de l'air doux et humide de la mer, présentaient une magni-

---

(1) M. Young est un riche négociant de Londres, qui possède, dans l'île de Wight, près de la petite ville de Ryde, une magnifique propriété de plus de 800 acres, qu'il cultive lui-même depuis quelques années et dans laquelle il a déjà réalisé des améliorations considérables. Il vient de faire terminer, sur le sommet d'une colline dominant la mer, une somptueuse habitation dans le style du temps de la reine Elisabeth, d'où l'on jouit d'un panorama admirable, sur une partie de l'île, sur le canal et sur toute la rade de Portsmouth. Nous sommes heureux de profiter de cette occasion pour témoigner à M. Young toute notre reconnaissance pour sa bonne et cordiale réception, et pour l'empressement qu'il a mis à nous faire visiter tous les détails de sa vaste exploitation.

fique végétation malgré l'ingratitude du sol. Dans des terrains semblables de la Champagne, mais placés dans des conditions climatériques toutes différentes, ils n'auraient certainement donné qu'un maigre produit, et auraient été promptement détruits par la sécheresse et la dent des animaux.

Nous avons passé en revue les diverses sortes de fourrages : si maintenant, au point de vue de cette production, nous comparons notre département de Seine-et-Marne à l'Angleterre, nous trouvons des différences bien notables. Ce qui frappe tout d'abord, c'est notre infériorité à l'égard des prés, dont l'étendue est d'ailleurs peu importante, puisqu'ils comprennent moins de trente et un mille hectares sur une étendue totale de cinq cent soixante-treize mille que contient le département. Sans doute, le sol et le climat leur sont peu favorables, le climat surtout, avec ses alternatives de sécheresse, d'humidité et de froid, qui empêchent la végétation d'être continue comme en Angleterre. Mais, il faut le dire aussi, nous soignons peu nos prés; tous nos engrais naturels et artificiels sont pour les terres labourables, et on se fie trop au temps pour la réussite de la récolte. Il sera difficile d'amener nos prés à la production anglaise, par suite des causes que nous avons déjà signalées; mais cependant, par des engrais, des terrassements, des assainissements, et le plus souvent par des irrigations, quand elles seront possibles, nous pourrons en augmenter de beaucoup le produit : quant à ceux de mauvaise qualité, qui se trouvent dans des terrains sains et susceptibles d'être cultivés, le mieux serait de les défricher.

A l'égard des prairies artificielles, notre position est bien meilleure. Si nous n'avons pas le raygrass, nous avons la luzerne, la plus précieuse des plantes fourragères. Cette plante, en effet, non-seulement donne un produit abondant, aussi bon en vert que sec, mais encore elle procure à la terre un long repos ; de plus, par la nature pivotante de ses racines, elle est merveilleusement appropriée à notre climat, puisqu'elle va chercher sa nourriture profondément dans le sol, ce qui la met à l'abri des sécheresses de l'été, si défavorables aux autres plantes fourragères. Tous nos soins doivent donc se porter sur la luzerne, dont la culture s'étend sur le département tout entier, afin d'en améliorer encore les produits.

Bien que la sécheresse de nos étés ne nous permette pas de tirer le même parti du raygrass que les Anglais, il pourrait cependant occuper une place restreinte dans nos cultures pour la production des fourrages verts: ainsi, dans beaucoup d'exploitations, on pourrait lui consacrer quelques hectares dans un endroit frais situé à proximité des bâtiments, afin d'utiliser les purins de la ferme, qui seraient payés ainsi plus avantageusement que pas aucun autre fourrage, et, s'il ne pouvait pas nous donner un aussi grand nombre de coupes que sur le sol anglais, il pourrait toujours en fournir au moins quatre qui seraient une excellente nourriture d'été pour la vacherie. Nous pensons que, dans ces conditions, la culture de cette plante devrait être essayée dans notre département.

Racines et plantes sarclées.

Les principales racines cultivées en Angleterre sont : les turneps, les rutabagas, les betteraves; les autres plantes sarclées sont : la pomme de terre, et, parmi les légumineuses, la féverole.

Le turneps est la racine dont la culture est le plus répandue; il est originaire des Pays-Bas, et a été introduit en Angleterre à la fin du dix-septième siècle. Le turneps, qui convient surtout aux terres légères et sablonneuses, est le point de départ de l'assolement de Norfolk; du succès de sa culture dépend la réussite des récoltes qui doivent suivre ; aussi les Anglais n'y épargnent-ils aucuns frais. Non-seulement cette racine permet d'entretenir un nombreux bétail, qui, outre ses produits en viande, lait, laine, etc., laisse à la disposition du cultivateur d'abondants engrais, mais encore elle nettoie parfaitement le sol de toutes les plantes parasites au moyen des nombreux binages qu'elle exige.

La culture du turneps était autrefois faite à plat; mais, depuis un certain nombre d'années, on ne le sème plus que sur billons, suivant la méthode dite à la Northumberland, qui en double presque le produit. Dans toutes nos excursions, sauf chez M. Mechi, nous n'avons vu que cette méthode employée. Cette culture étant faite avec un soin remarquable, il nous paraît nécessaire d'entrer dans quelques développements à ce sujet.

Le sol reçoit d'abord trois façons à la charrue, dont au moins une d'hiver, suivies de hersages et roulages, pour le mettre en parfait état d'ameublissement; puis on ouvre les billons de 80 centimètres de largeur environ avec une charrue à double versoir. Du fumier très-décomposé est déposé dans le fond de ces billons, à raison de 25,000 kilogrammes l'hectare ; on y ajoute un supplément de guano ou un mélange par moitié de guano et de superphosphate de chaux, à raison de 500 à 750 kilogrammes l'hectare ; on roule ensuite énergiquement pour tasser convenablement la terre, puis on refend les billons de manière que leur sommet se trouve placé immédiatement au-dessus du fumier ; après un ou deux nouveaux roulages, on sème la graine de turneps en lignes avec le semoir écossais à deux socs.

Ce semoir répand la graine avec une grande régularité au moyen de socs fixés à deux rouleaux mobiles qui suivent les irrégularités des billons sur le milieu même de ces billons ; souvent aussi, avec le semoir Richemond et Chandler, on fait suivre la semence d'une dissolution de superphosphate de chaux, à raison de 200 kilogrammes l'hectare, afin de la préserver des ravages des insectes. Avec le climat doux et humide de l'Angleterre, et grâce à tous ces soins, la graine lève très-rapidement. Nous avons vu des champs de turneps ensemencés depuis huit jours seulement, dont on distinguait entièrement les lignes. Le moment le plus favorable pour semer le turneps est du 15 mai au 20 juin. Cette année-ci, comme chacun de nous a pu le voir, les ensemencements étaient fort en retard, à cause de l'humidité, et, par ce motif, on augurait mal de la réussite de la récolte.

A peine sorti de terre, le turneps reçoit une façon à la houe à cheval pour activer sa végétation et chasser les insectes ; puis, au bout de quelques jours, les lignes sont binées et espacées à la main, le plus souvent par des femmes : cette façon revient ordinairement de 6 à 8 schellings l'acre. La jeune plante se développe alors rapidement, et la terre est constamment tenue ameublie et propre au moyen de façons répétées à la houe à cheval. Nous insistons surtout sur ces deux points, la grande propreté des cultures de turneps et l'emploi de la houe à cheval pour l'obtenir. En effet, en Angleterre les binages ne sont pas donnés tous à la main comme en France ; ce mode n'est même que l'exception : la houe à cheval est le moyen principal employé pour tenir les terres propres. On peut ainsi biner de trois à quatre acres par jour, travail qui ne revient pas à plus de 2 francs l'acre. On voit quel excellent usage les Anglais font de cet instrument et quelle économie il leur procure dans les cultures sarclées. L'usage de la houe à cheval, dont nous avons de si bons modèles maintenant, n'est pas assez répandu en France, et nous pourrions certainement, en l'employant plus fréquemment, éviter une ou deux des façons que nous donnons à la main.

Le turneps ainsi cultivé donne des produits considérables. Dans les comtés du Midi, la moyenne est de 18 à 20 tonnes l'acre de 40 ares; en Écosse, où le terrain et le climat lui conviennent plus particulièrement, on nous a, dans toutes les fermes, déclaré des rendements moyens de 30 tonnes l'acre de 51 ares, quelquefois même ils atteignent, dans de bonnes conditions de culture, jusqu'à 35 et 40 tonnes, ce qui représenterait un produit de 70 à 80,000 kilogrammes l'hectare (1). Le turneps, ne craignant pas les gelées, est consommé sur place par les moutons qui, après avoir mangé les feuilles, tirent la racine hors de terre avec la dent: de cette manière, tout l'engrais provenant de cette racine se trouve ainsi déposé sur le sol sans aucuns frais. On conçoit l'avantage et l'économie que présente cette pratique, laquelle ne peut malheureusement pas être imitée ailleurs, en raison des différences de climat. On peut estimer que les Anglais réalisent de la sorte, dans les frais de culture, une économie d'au moins 160 fr. par hectare, savoir:

Frais d'arrachage	30 fr.
— de charriage	40
— d'emmagasinage	10
— de découpage et de préparation	20
Charrois de fumier qui aurait été produit à l'étable et à la bergerie et de répandage	60
Égal	160

Sans compter que cette méthode évite toute espèce de déperdition dans la valeur du fumier, puisque aussitôt produit il est absorbé par le sol. Ces engrais sont d'ailleurs d'une grande richesse, car les moutons que l'on engraisse dans les champs de turneps reçoivent de plus une ration qui varie de 200 à 500 grammes de tourteaux avec addition de fourrage haché.

A l'occasion de la culture des turneps, nous dirons quelques mots de la manière dont on traite les fumiers qui sont consacrés en grande partie à cette culture.

Les Anglais, comme on le sait, n'ont pas de cour de ferme; leurs bâ-

(1) On obtient, dans des conditions exceptionnelles, jusqu'à 100 et 120,000 kil. l'hectare.

timents, très-peu étendus, sont composés principalement de boxes, derrière lesquels sont de petites cours où le bétail circule librement pour y prendre l'air, et qui reçoivent le fumier de chaque jour. Ce fumier, piétiné constamment par le bétail et recevant les influences atmosphériques, se trouve en peu de temps très-décomposé, sans qu'il y ait, comme cela arrive souvent chez nous, excès de fermentation, par l'effet des alternatives de température. A d'assez longs intervalles, on vide ces cours et l'on charrie le fumier qu'elles contiennent dans les champs, où il est déposé en tas, faits, du reste, avec assez peu de soin; on le conduit ensuite de ces dépôts sur les pièces destinées à le recevoir. Le fumier est donc, comme on le voit, peu soigné en Angleterre : il n'est pas comme chez nous mis en couche au milieu des cours de ferme, à proximité d'une fosse à purin, qui reçoit les urines des étables et les égouts des bâtiments avec lesquels on l'arrose fréquemment. Ce mode est une nécessité dans notre climat, surtout pendant l'été, car il empêche le fumier d'être desséché par les grandes chaleurs; il n'en est pas de même en Angleterre, où, grâce à l'humidité naturelle et constante, et à l'absence de fermentation, le manque de soins n'a pas les mêmes inconvénients. Dans un certain nombre d'exploitations, on a adopté la méthode du maniement du fumier, qui consiste à le mettre en tas après l'avoir secoué et fané en quelque sorte, de manière à ce qu'il forme une masse parfaitement homogène; on trouve que le fumier acquiert ainsi plus de qualité, tout en prenant un volume plus considérable.

Nous croyons convenable de faire remarquer ici le grand developpement qu'a pris, depuis quelques années, l'emploi du superphosphate de chaux pour la culture des racines. Sa consommation est au moins égale à celle du guano, qui dépasse elle-même, comme on le sait, de beaucoup celle de la France (1). L'agriculture anglaise n'emploie pas

---

(1) Les chiffres suivants représentent la consommation du guano du Pérou, en Angleterre et en France depuis 1856 :

ANGLETERRE.	FRANCE.
1856 — 211,000,000 k.	1856 — 27,000,000 k.
1857 — 110,000,000	1857 — 59,000,000
1858 — 122,000,000	1858 — 42,000,000
1859 — 132,000,000	1859 — 36,000,000
1860 — 146,000,000	1860 — 36,000,000
1861 — 161,000,00	1861 — 32,000,000

D'après la *Revue agricole de l'Angleterre* (nº 14, du 10 mars), la consommation

moins de 250,000,000 de kilogrammes de superphosphate de chaux. Presque toute cette énorme quantité est destinée à la culture des turneps, des betteraves et des pommes de terre : on doit, par là, juger de son efficacité et des excellents résultats que donne cet engrais pour ces diverses cultures. Il est probable qu'il produirait moins d'effet dans nos terres argilo-calcaires ; cependant, il serait très-intéressant de l'essayer, surtout pour la culture de la betterave. On ne le vend en France qu'à l'état naturel et simplement pulvérisé, ce qui rend son assimilation plus lente, surtout dans les sols calcaires ; mais aussi son prix (5 fr. les 100 k.) est bien moins élevé qu'en Angleterre, où il vaut 15 et 16 francs. A ce prix, on trouve qu'il est au moins aussi avantageux à employer que le guano, qui valait au moment de notre voyage 13 livres la tonne ou 32 fr. 50 c. les 100 kilog., c'est-à-dire le double du superphosphate.

Il existe un grand nombre de fabriques de cet engrais dans toutes les parties de l'Angleterre, entre autres une considérable chez M. Lawes, à Deptford, près Londres. Le superphosphate de chaux est simplement du phosphate fossile pulvérisé traité par 70 p. 0/0 d'acide sulfurique pour le rendre soluble, et par conséquent immédiatement assimilable par les plantes. On neutralise ensuite avec 30 à 50 p. 0/0 de plâtre ou de chaux. On obtient un effet, du reste, analogue, quoique plus lent, en mélangeant le phosphate naturel avec le fumier : il est alors rendu soluble par les dégagements des gaz acide carbonique et ammoniacaux (1).

---

du guano, en 1861, en y comprenant ceux des provenances diverses, tels que ceux tirés des îles Baker et Jarvis, a été de .... 250,000,000 kil.

Celle des tourteaux de diverses sortes..............	180,000,000
— de la poudre d'os..............................	40,000,000
— du nitrate de soude	13,000,000
— du sulfate d'ammoniaque, etc..................	6,000,000

Enfin, en y comprenant le superphosphate et divers autres engrais, l'agriculture anglaise n'a pas consommé, en 1861, moins de 812,000,000 kil. d'engrais artificiels représentant une valeur de plus de 200,000,000 de francs ; et cependant, dit un cultivateur très-distingué, M. Cuthbert Johnston, l'Angleterre n'en emploie pas encore la cinquième partie de ce que le sol pourrait recevoir avec profit. Quel enseignement pour la France, où, avec un sol double en étendue, nous n'employons encore que la dixième partie des engrais que consomment nos voisins.

(1) On sait que la découverte des gisements de phosphate de chaux fossile en France est due aux recherches d'un savant distingué, M. Demolon. Il a acquis la certitude qu'il en existe une couche dans tout le bassin connu sous le nom d'Anglo-Français, mais à des profondeurs très-diverses, qui varient depuis 1 mètre jusqu'à 500 mètres.

Rutabagas.

Le rutabaga, ou navet de Suède, a été introduit d'Allemagne dans le comté de Kent par Regnold, en 1767; il joue dans les terrains argileux, auxquels il convient plus spécialement, le même rôle que le turneps dans les terrains siliceux et, comme lui, il sert de pivot à l'assolement quadriennal; sa culture se fait exactement de même, et son produit est au moins aussi considérable, s'il ne lui est pas supérieur; mais il est impossible, dans les terrains forts et argileux où il est cultivé, de le faire manger sur place comme le turneps : la dent du mouton ne pourrait le tirer entièrement hors de terre et la partie supérieure de la racine serait seule consommée; il est, par ce motif, arraché, emmagasiné, et sert de nourriture d'hiver pour le bétail. La culture du rutabaga a été souvent essayée en France; on a été assez satisfait de son produit; mais la grande difficulté est de prévenir les ravages des insectes, qui, presque toujours, le détruisent aussitôt levé. Il serait cependant possible d'éviter cet inconvénient en arrosant la graine, en la semant, d'une dissolution d'engrais liquide, guano ou autre, ainsi que le font généralement les Anglais; il peut être utilisé aussi comme récolte dérobée pour la nourriture d'automne du bétail.

Betterave.

La culture de la betterave était presque inconnue autrefois en Angleterre. C'est surtout depuis une quinzaine d'années qu'elle s'est répandue, principalement dans les comtés du Sud. Dans les comtés du Nord et en Écosse, après divers essais, on l'a complétement abandonnée, parce qu'on a trouvé que son rendement était de beaucoup inférieur à celui du turneps, qui est d'ailleurs merveilleusement approprié au sol et au climat de ces contrées. Dans les comtés du Sud, cette culture a

---

Depuis 1856, époque à laquelle les premières exploitations ont été commencées, il en a déjà été livré à l'agriculture 45,000,000 de kil., dans trente-huit départements, mais principalement en Bretagne et en Sologne. Du reste, son emploi prend de plus en plus d'extension, et il vient d'être établi, à Paris, une nouvelle usine, sous la direction technique de M. Demolon, qui pourra fournir tous les jours 50,000 kilogrammes de phosphate fossile pulvérisé.

pris un développement tel, que, dans beaucoup d'exploitations, les étendues de terres ensemencées en betteraves sont plus considérables que celles occupées par les turneps.

Les rendements de la betterave à l'hectare dépassent ceux de cette racine dans la proportion du tiers au quart environ : ainsi, quand le turneps produit de 15 à 20 tonnes à l'acre, la betterave en produit de 20 à 25. De même que le turneps, elle est cultivée en billons et reçoit les mêmes binages et la même quantité d'engrais ; elle est arrachée, mise en silos et consommée principalement pendant l'été par le bétail. Le turneps n'est pas utilisé ainsi, parce que, outre l'économie qui résulte de sa consommation sur place, il est d'une conservation très-difficile ; celle de la betterave, au contraire, paraît se faire très-facilement et même beaucoup mieux qu'en France, d'après l'état parfaitement sain de ces racines, que nous avons vu consommer au mois de juillet dernier ; il y a évidemment là encore une question de climat ; l'égalité de température empêche cette racine de végéter et de subir des altérations, ainsi que cela aurait lieu chez nous, par les brusques transitions du chaud au froid. Chacun de nous a pu remarquer qu'à l'Exposition de Battersea les moutons avaient tous, dans de petites auges, des rations de betteraves coupées, comme supplément à celles de fourrages. Au moyen de la betterave, les Anglais peuvent donc nourrir le bétail de racines pendant toute l'année et activer son engraissement, tout en augmentant la production des engrais.

Quoi qu'il en soit, cette racine ne jouera jamais en Angleterre le même rôle qu'en France, parce que plusieurs raisons s'opposent à ce qu'elle devienne un produit industriel comme chez nous. Elle est d'abord beaucoup moins riche en parties saccharines ; puis il paraît que les exigences de la législation anglaise, sur la perception des droits indirects, s'opposent à ce qu'elle soit fabriquée dans de petites usines annexées aux exploitations.

Il y a bien longtemps déjà que la fabrication du sucre de betterave a donné une extension considérable à cette culture dans le nord de la France ; mais c'est surtout la distillation de cette racine, par le procédé si simple et si ingénieux que chacun de nous connaît, et qui est pratiquée, dans notre département, dans près de 60 distilleries agricoles, qui doit tendre à en généraliser la culture dans toutes nos exploitations.

A ce point de vue, nous sommes véritablement supérieurs aux Anglais; car nous possédons une racine, tout aussi améliorante et presque aussi productive que leur turneps, dont nous pouvons tirer un produit industriel avantageux qui paye le plus souvent tous ses frais de culture. On peut même dire que cette industrie tout agricole compense, jusqu'à un certain point, l'infériorité dans laquelle nous sommes sous le rapport de la production des fourrages, puisqu'elle laisse à la disposition du cultivateur, après l'extraction de l'alcool, de nombreux résidus qui lui permettent d'entretenir une plus grande quantité de bétail, et d'arriver par là à la production économique des engrais, qui doit être le but constant de nos efforts en agriculture.

Pomme de terre.

La pomme de terre, qui joue un rôle si important dans l'alimentation anglaise, entre pour une notable proportion dans la sole des plantes sarclées. Dans certains comtés, où le terrain lui convient plus spécialement, la pomme de terre est un des produits principaux de la ferme, tant par l'abondance de son produit, que par sa valeur vénale, qui est généralement plus élevée qu'en France. Cette valeur s'explique par sa grande consommation et par le commerce considérable auquel elle donne lieu. On sait, en effet, que la pomme de terre joue à peu près le même rôle dans l'alimentation anglaise que le pain en France. Son prix est excessivement variable; mais il descend très-rarement au-dessous de cinq francs les 100 kilog.: au moment du plus fort de la maladie, on l'a vu monter au chiffre exorbitant de 25 et 30 francs (1).

Le catalogue de la maison Peter-Lawson n'en contient pas moins de 161 espèces destinées soit à la nourriture de l'homme, soit à celle des animaux.

De même que celle des autres plantes sarclées, la culture de la pomme de terre est faite avec beaucoup de soin. Elle prend place dans l'assolement, soit après le blé, de même que le turneps, soit immédiatement après les prairies temporaires; dans ce cas, on donne un labour profond de 20 à 25 centimètres, avec une charrue armée de deux socs, dont

---

(1) Le prix moyen de la pomme de terre, en Angleterre, est environ de 8 à 12 fr. les 100 kilogrammes.

l'un, placé à l'avant, est destiné à trancher les racines des herbes et à les jeter au fond de la raie : après avoir ameubli le sol, au moyen de hersages et de roulages, on ouvre ensuite les billons, et sa culture est faite de même que celle du turneps. La semence de pomme de terre est ainsi placée au fond du billon, sur le fumier, ou le superphosphate de chaux, que l'on emploie ordinairement, pour cette culture, à raison de 300 à 350 kil. l'acre de 40 ares. Elle est semée très-rapprochée, de manière à ce que les tiges se touchent, sans former aucun intervalle. Après une première façon donnée à la houe à cheval entre les lignes au moment de la levée, elle est ensuite buttée une ou deux fois avec la charrue à double versoir. La propreté des terres anglaises dispense de lui donner aucun binage à la main; faites dans ces bonnes conditions, les pommes de terre ne tardent pas à couvrir entièrement la terre de leurs tiges, ce qui empêche qu'elles soient envahies par l'herbe.

C'est en Écosse surtout que la culture de la pomme de terre est faite sur une très-grande échelle. Le sol des Lowlands, généralement formé d'un sable gras, profond et riche d'engrais, convient parfaitement à cette plante. Il n'est pas rare qu'elle occupe le quart ou le cinquième de l'étendue des fermes. Nous en avons vu entre autres des pièces de plus de cent acres chez MM. Sadler et Begby, cultivateurs près North-Berwick, présentant une magnifique végétation.

Des négociants parcourent l'Ecosse et achètent sur pied la pomme de terre, qu'ils dirigent ensuite, par les chemins de fer, sur les principaux marchés anglais.

Cette récolte est un des grands produits des fermes écossaises. Les rendements sont, à ce qu'il paraît, de huit à dix tonnes de 1,120 kilog. par acre écossais de 51 ares, ou environ 300 hectol. (1) l'hectare. En 1861, on a vendu de onze à douze francs les 100 kilog., ce qui ferait un produit de plus de deux mille francs l'hectare. Du reste, ce prix était considéré comme très-avantageux. La récolte de cette année se présentait très-bien, mais on craignait l'apparition de la maladie, par suite de la persistance de l'humidité.

(1) Il n'est pas rare que ces rendements atteignent 400 hectolitres et plus l'hectare. On peut par là juger du rôle important que joue la pomme de terre dans la culture écossaise : elle est même la cause principale du prix élevé des loyers dans les Lowlands.

La culture de la pomme de terre en billons pourrait être introduite avantageusement en France. De même qu'en Angleterre, cette méthode serait susceptible d'augmenter la production, tout en diminuant les frais de main-d'œuvre.

La dernière plante sarclée dont nous ayons à nous occuper est la féverole, qui, selon les sols, est substituée, soit aux prairies artificielles, soit aux racines. Cette plante est considérée comme très-favorable à la culture du blé. En effet, elle nettoie le sol et le laisse libre de bonne heure, ce qui offre l'avantage de pouvoir le façonner plusieurs fois avant les ensemencements. On lui applique les mêmes fumures qu'aux autres plantes sarclées, et elle reçoit également plusieurs façons à la houe à cheval. Le sol et le climat humide de l'Angleterre paraissent parfaitement convenir à cette légumineuse; dans les cultures que nous avons visitées, nous en avons vu de magnifiques champs, présentant la plus belle végétation.

On fait souvent entrer la féverole, pour une certaine proportion, dans la nourriture des chevaux en la mélangeant avec l'avoine; mais la plus grande partie sert à l'engraissement des bêtes à cornes; elle forme généralement le quart de leur ration, qui est completée avec du tourteau, de l'orge et de l'avoine. La culture de la féverole a été pratiquée assez en grand aux environs de Paris, il y a un certain nombre d'années; mais on y a presque partout renoncé, parce que les insectes causaient de très-grands dommages à cette récolte au moment des sécheresses de l'été.

Ainsi que nous l'avons dit précédemment, les Anglais ont préféré concentrer leurs efforts sur un petit nombre de cultures appropriées à leur climat que de les diviser sur plusieurs autres d'une réussite moins certaine, soit pour ne pas trop compliquer leurs moyens de production, soit pour ne pas trop épuiser leur sol. C'est ainsi qu'ils ont écarté le tabac, les oléagineuses et plusieurs autres plantes industrielles. Deux cependant ont échappé à cette exclusion : ce sont le houblon dans les comtés du Midi et de l'Est, et le lin en Irlande.

Le houblon est une des plus riches cultures de l'Angleterre; mais elle ne s'étend que sur un petit nombre d'hectares. Nous n'entrerons dans aucun détail sur cette plante, qui n'est pas cultivée dans notre département.

La culture du lin a pris, à ce qu'il paraît, une très-grande extension en Irlande depuis une quinzaine d'années. En 1853, elle s'étendait déjà sur 70 mille hectares, depuis, elle s'est constamment développée. Elle a remplacé avantageusement, dans les terres fortes et profondes qui sont communes dans ce pays, le blé qui, sous ce climat humide, arrive difficilement à maturité. Elle atteint en moyenne une valeur de 1,000 francs l'hectare. On sait que cette culture a été introduite dans notre département depuis une douzaine d'années, et a donné, notamment dans les arrondissements de Meaux et de Melun, des produits satisfaisants, mais elle n'est encore cultivée que sur une échelle restreinte, et ne peut être considérée que comme étant à l'état d'essai.

Produits des jardins.

On croit trop généralement en France que le climat anglais s'oppose complétement à la production des fruits. Sans doute, il est loin d'être aussi favorable que le nôtre à cette culture, en raison de sa grande humidité et du manque de soleil ; malgré ces désavantages, les Anglais, à force de soins et de persévérance, sont cependant parvenus à récolter d'assez bons fruits.

Un pépiniériste bien connu, M. Jamin, dont l'intérêt n'est pas cependant de vanter les fruits anglais, nous a assuré que plusieurs espèces de poires et pêches d'automne étaient d'une qualité au moins égale à celles que nous récoltons en France. Quant aux espèces d'hiver, elles ne peuvent généralement arriver à maturité, et par ce motif on a renoncé à peu près à leur culture.

Les comtés producteurs de fruits sont surtout ceux du Sud, et principalement celui de Surrey, dans lequel une partie de Londres est comprise et où se trouvent situés les jardins si connus de Chelsea, Richemont et Kiew. Le sol de ce comté, généralement argileux, paraît parfaitement convenir aux arbres fruitiers ; aussi de très-grandes étendues de terrains sont-elles consacrées à cette culture dans les environs de Londres. L'île de Wight, qui jouit d'un climat presque méridional, puisque dans certaines expositions l'olivier y vient en pleine terre, produit aussi une grande quantité de fruits. Nous y avons vu des espaliers de poiriers et de pêchers bien tenus, sans approcher cependant de la perfection de la taille à laquelle on est arrivé en France. Cette production est cependant loin de suffire à la consommation de l'immense capitale, et chacun sait que le commerce d'exportation de fruits qui se fait de France en Angleterre est considérable.

Les diverses sortes d'arbres fruitiers cultivés sont :

1° Le Pommier. — Cet arbre croît généralement dans toutes les parties du royaume. Les espèces de pommes sont en nombre infini ; la plus répandue est celle connue sous le nom de Codlin. Elle est généralement très-acide et de mauvaise qualité ; elle ne se mange guère que cuite, ou employée dans les paës et puddings, de même que l'espèce dite London-pippins, qui lui est cependant supérieure.

Les espèces de table les plus répandues sont : the King-of-the-Pippins, la Bedfordshire-Foundling, qui est moins cultivée, mais cependant assez appréciée ; puis viennent la Golden-Pippins, la Dutch-Mignonne, etc. Toutes ces espèces sont bien inférieures pour la qualité à celles que nous récoltons en France.

2° Le Poirier. — Le poirier est cultivé dans presque tous les comtés de l'Angleterre. En Écosse, nous avons vu, dans les jardins généralement très-soignés des cultivateurs, de très-beaux espaliers de poiriers ; mais la poire du nord de l'Angleterre est sans saveur et de mauvaise qualité. Ce n'est que dans les comtés du Sud que l'on en récolte réellement de bonnes. Les espèces les plus connues sont : la William, le Beurré-Capiomont, Vicaire-of-Wakefield, Autumn-Paradise, Glout-Morceau et enfin la Summer-Bergamotte, qui est l'espèce la plus commune et la plus répandue sur les marchés. Toutes ces poires sont d'automne, et leur qualité peut être comparée à celles que nous récoltons en France.

3° Le Pêcher. — Les pêchers ne sont cultivés que dans les comtés du Sud, et en espaliers seulement ; les espèces les plus répandues sont : la Royal-Georges et celle dite Noblesse. Il paraît que quand les pêchers sont placés à des expositions convenables, leurs fruits approchent, pour la qualité, de ceux que nous récoltons en France.

La culture du pêcher en pots, dans des serres, forme l'objet d'un commerce très-important. M. Rivers, de Sawbridge-Worth, vend ainsi tous les ans pour plus de soixante mille francs de jeunes pêchers chargés de fruits pour l'ornement des tables de l'aristocratie anglaise.

4° LE GROSEILLIER. — Le fruit le plus répandu dans toute l'Angleterre est sans contredit la Gooseberry, groseille à maquereau, qui est généralement de couleur blanche. Par les soins de la culture, on est parvenu à obtenir des espèces qui dépassent la grosseur d'un œuf de pigeon. Ce ne sont pas les meilleures assurément; mais les Anglais mettent une espèce d'amour-propre à augmenter la grosseur de ce fruit, qui est l'objet de leur prédilection. Il est cependant peu agréable, à cause de son peu de saveur et même de son acidité : aussi l'emploie-t-on le plus souvent cuit, pour la confection des pâtisseries.

5° LE FRAISIER. — Un fruit également très-répandu est la fraise; il en existe un grand nombre d'espèces, dont nous avons même introduit plusieurs en France avec succès. De même que pour la Gooseberry, les Anglais visent beaucoup à la grosseur de la fraise, qui pour cela ne manque pas de qualité, quoique moins savoureuse que celles que l'on récolte maintenant en si grande quantité aux environs de Paris.

Chacun sait que la culture de la vigne fait défaut en Angleterre, le climat y est absolument contraire ; il n'existe de treilles que dans les serres des châteaux anglais.

Nous avons vu dans ce genre une curiosité vraiment remarquable : c'est le cep de vigne si connu de Hampton-Curt, qui occupe à lui seul une serre qui n'a pas moins de cent dix pieds de long. On trouve qu'il a peu produit cette année avec ses dix-huit ou dix-neuf cents grappes de raisin ; ordinairement il n'en a pas moins de deux mille à deux mille cinq cents.

Si les Anglais, à force de soins et de persévérance, peuvent rivaliser avec nous pour la production de certains fruits, il n'en est pas de même pour les légumes ; à peine est-on resté quelque temps en Angleterre, que l'on reconnaît de suite leur infériorité à cet égard. A la quantité de légumes si variés et si délicats que nous possédons ils n'ont guère à nous opposer que la pomme de terre, qui est, comme on le sait, leur légume favori et national; ils en ont une infinité d'espèces, toutes plus ou moins hâtives ou productives, dont plusieurs spéciales pour la culture des jardins.

Cependant les Anglais cultivent aussi, mais sur une échelle restreinte, les pois, le haricot, la fève, le concombre et le chou marin.

Le climat anglais paraît parfaitement convenir à la culture des pois; tous ceux que nous avons vus présentaient une végétation très-vigoureuse et atteignaient jusqu'à un mètre cinquante de hauteur; mais leur qualité est loin de répondre à l'abondance de leur produit; ils sont généralement très-gros, durs et sans saveur. De même que les autres légumes, ils sont mangés au naturel, c'est-à-dire cuits à l'eau, ce qui est loin assurément d'en augmenter la qualité.

Le haricot n'est guère consommé qu'en vert; il est sans goût, et est bien loin de valoir ceux que nous récoltons en France. La culture du haricot de Soissons n'est pratiquée que dans les comtés du Midi, et à certaines expositions; seulement ailleurs il ne peut arriver à maturité.

La fève et le concombre n'ont pas plus de qualité que le haricot. Le comté de Surrey produit des masses considérables de ce dernier légume pour l'approvisionnement de Londres; il est généralement très-gros, et est après la pomme de terre le légume le plus répandu et le plus commun. Le chou marin est un des légumes les plus appréciés, et il a certainement plus de qualité que tous ceux qui précèdent.

Une plante très-peu connue en France et qui est très-cultivée dans les jardins anglais est la rhubarbe comestible; sa végétation est magnifique et ses larges feuilles atteignent quelquefois près d'un mètre de hauteur. Elle sert surtout à la préparation de confitures, qui ressemblent assez pour le goût à celles de pommes de rainette. Bien que nous possédions une foule de fruits excellents, il ne serait pas indifférent d'essayer en France la culture de la rhubarbe; dans les années où les fruits manquent, elle pourrait être d'une grande ressource pour la préparation des conserves et desserts d'hiver.

Produits alimentaires.

Les produits alimentaires sont rangés dans la troisième classe du catalogue de l'exposition française et forment deux divisions.

La première comprend les produits obtenus dans les usines distinctes des exploitations rurales.

La seconde, les produits obtenus dans les exploitations rurales ou dans les usines qui y sont annexées.

Dans la première division, nous trouvons une foule de produits variés dans lesquels la fabrication française a toujours excellé : tels sont les chocolats, les pâtes alimentaires, les fécules, les conserves de viande, de poisson, de légumes, les fruits confits, les vins dits de liqueur, les confiseries, etc.

La plupart de ces produits n'intéressent nullement notre agriculture : nous n'entrerons donc dans aucun détail à ce sujet; nous nous bornerons seulement à constater :

1° L'importance qu'a prise, depuis la dernière exposition, la fabrication des pâtes et vermicels, qui sont maintenant d'une consommation si générale. Ces produits sont aussi l'objet d'une forte exportation, qui atteint, pour certaines maisons, jusqu'à 30 p. 0/0 de leur production ;

2° L'introduction de nouveaux procédés pour la conservation des légumes et des viandes.

Une usine des plus importantes dans ce genre existe dans notre département, à Meaux, et l'on sait que, par la compression et la dessiccation, elle est arrivée à mettre les divers légumes en état d'être conservés pendant très-longtemps. L'exportation absorbe à elle seule plus des trois quarts de ses produits; aussi, sa fabrication prend-elle de jour en jour plus de développements. Ces procédés nouveaux ont créé des ressources précieuses pour la marine, qui peut ainsi, même dans les plus longues traversées, consommer des légumes qui n'ont presque rien perdu de leurs qualités.

La conservation des viandes, dont on s'occupe beaucoup depuis quelque temps, lui rendrait également de grands services. On est déjà arrivé à des résultats assez satisfaisants, sans cependant que l'on ait pu parvenir à prolonger la conservation au delà d'un temps assez limité. On est en ce moment à la recherche de procédés qui permettraient de transporter les viandes des pays les plus éloignés dans un état de conservation tel, qu'elles pourraient figurer, sur nos marchés, à côté de nos viandes indigènes. Il y a là une question très-sérieuse et qui, selon qu'on l'envisage, présente plusieurs points de vue bien différents.

Dans la deuxième division nous trouvons, outre les produits agricoles que nous avons examinés plus haut, les farines, les fécules, les sucres, les vins, les eaux-de-vie, les alcools, les fromages, etc.

Parmi ces produits, trois tiennent une large place parmi les industries de notre département : ce sont les farines, les alcools et les fromages.

Les exposants de farines étaient au nombre de quatorze, parmi lesquels on remarquait les principaux fabricants de notre département de Seine-et-Marne et des départements voisins.

Une exposition, entre autres, avait cela de particulier, qu'elle présentait, à côté des échantillons de farines, ceux de blé principalement de provenance étrangère qui avaient servi à les fabriquer. La beauté des farines obtenues avec ces blés de médiocre qualité et assez mal nettoyés montrait à quel résultat l'on peut arriver avec des machines perfectionnées et une mouture très-soignée (1). Ces progrès dans l'art de moudre le blé ne remontent pas cependant à une époque éloignée. C'est en 1819 seulement que des ingénieurs anglais, MM. Atkins et Steel, sont venus monter aux environs de Paris les premiers moulins dits à l'anglaise. Depuis cette époque, beaucoup de perfectionnements de détail ont encore été introduits, et aujourd'hui l'art de moudre les grains est plus avancé en France qu'en Angleterre et dans les autres États de l'Europe, où de nombreux perfectionnements ont été réalisés, il faut bien le reconnaître, depuis les dernières expositions.

Les produits de plusieurs rectificateurs de notre département et du Nord figuraient aussi dans cette catégorie. C'était la seconde fois seulement que des alcools de betteraves paraissaient dans les expositions gé-

(1) Cette exposition était celle de la maison Darblay père, fils et Béranger.

nérales, et chacun pouvait apprécier les progrès que cette fabrication a faits depuis sa naissance, qui date à peine de huit à neuf ans. Grâce aux nombreux perfectionnements apportés aux appareils de distillation et de rectification, on est arrivé à produire des alcools fin goût complétement insipides, et qui peuvent, outre de nombreux usages, être employés plus avantageusement qu'aucun autre à la fabrication des liqueurs fines. Nous constatons ces progrès et espérons que de nouveaux perfectionnements viendront mettre à l'abri de tout danger cette industrie agricole, si intéressante pour l'avenir de notre département. On peut craindre en effet que, par la grande extension qu'elle est destinée à prendre et par l'abondance de la production, les prix ne viennent à tomber au-dessous de ceux de revient. Une mesure favorable, qui pourrait augmenter les débouchés de l'alcool, serait l'extension, aux départements du Centre et de l'Est, de l'exemption de droits dont jouissent les alcools qui sont employés pour le vinage des vins dans quelques départements du Midi.

Parmi les fromages exposés, ceux de Brie figuraient au premier rang.

On remarquait particulièrement ceux exposés par la Société d'agriculture de Meaux, qui paraissent avoir résolu le problème de la conservation, si important pour l'écoulement de ce produit : bien qu'envoyés à Londres au 1er mai, ils étaient encore, au mois d'août, exempts de coulure et de toute altération.

Cependant ces fromages n'ont pas été médaillés, pas plus que ceux exposés par les autres producteurs ; c'est à un revendeur de Paris que la médaille a été décernée; et, à ce sujet, qu'il nous soit permis d'émettre un doute sur l'opportunité qu'il peut y avoir à admettre ainsi, dans les expositions, les revendeurs à concourir avec les producteurs. On sait ce qu'il faut à ceux-ci de dépenses, de travail et de persévérance pour arriver à améliorer leurs produits ; ne serait-il donc pas plus juste que les récompenses lui soient décernées, plutôt qu'aux intermédiaires, qui n'ont que le mérite, bien moins grand, de savoir bien connaître et bien acheter la marchandise ?

La fabrication des fromages de Brie est, comme on le sait, une branche très-importante de l'industrie agricole dans notre département, notamment dans l'arrondissement de Meaux, où la production annuelle atteint une valeur de plus de six millions de francs (1).

Les arrondissements de Provins et de Coulommiers en fabriquent également beaucoup, quoique sur une échelle moindre. Ce dernier, qui en produit de très-renommés, en exporte de notables quantités en Russie, de même que celui de Meaux.

Produits des animaux.

Les produits des animaux tiennent une très-large place dans l'agriculture anglaise. Ainsi que nous l'avons dit au commencement de ce travail, d'après les statistiques, ils forment la moitié juste de son produit brut. Cette proportion se trouve confirmée par les renseignements que nous avons recueillis dans les diverses exploitations que nous avons visitées. On considère, en effet, que le produit des animaux peut former la moitié de la recette annuelle dans les exploitations placées dans des conditions ordinaires.

La consommation des produits des animaux sous toutes les formes a été de tout temps générale en Angleterre. Il y a déjà bien longtemps que l'on disait des Anglais qu'ils se nourrissent de la chair et du lait de leurs bestiaux. Mais c'est surtout depuis le commencement de ce siècle que cette consommation s'est beaucoup développée. La production n'est pas restée en arrière, et grâce à l'amélioration de toutes les races de bestiaux, surtout sous le rapport de la précocité, elle a atteint des pro-

---

		Moyenne par semaine.	Par an.
(1) Productions du canton	de Meaux	85,000 fr.	4,420,000 fr.
—	de Dammartin	1,300	67,500
—	de Crécy	25,000	1,300,000
—	de Claye	10,000	520,000
—	de Lagny	4,000	208,000
—	de La Ferté-sous-Jouarre	1,000	52,000
	Total		6,567,500

Nous devons ces chiffres statistiques à l'obligeance d'un de nos honorables collègues, M. le comte de Pontécoulant.

portions considérables, sans cependant qu'elle puisse suffire encore à tous les besoins du pays.

Plusieurs circonstances ont favorisé cette grande production : d'abord l'aptitude toute spéciale du sol et du climat anglais pour la production des prairies, ainsi que nous l'avons dit plus haut; puis l'absence presque complète de pertes sur le bétail. Les Anglais ne connaissent, en effet, ni le sang de rate, ni la cachexie, ni tant d'autres épizooties qui sont si souvent une cause de ruine pour le cultivateur français. Cela vient très-probablement de l'égalité de température, qui maintient les herbes dans un état constant de végétation, et qui peuvent ainsi toujours fournir aux animaux une nourriture uniforme et abondante.

Il est aussi un encouragement à la production de viande de très-bonne qualité, c'est l'écart qui existe entre celle-ci et la médiocre; ainsi, tandis que le prix moyen de la viande sur les marchés est de 1 fr. 30 c. à 2 francs le kilogramme pour les bonnes qualités ordinaires, il atteint souvent 2 fr. 50 c. et plus pour celles tout à fait supérieures; on est, comme on le voit, très-appréciateur de la qualité en Angleterre. En France, au contraire, où la viande est moins cher, nous n'avons qu'un faible écart entre les viandes de diverses sortes, ce qui est peu encourageant pour les éleveurs et les engraisseurs.

Tous les produits de bestiaux sont en général plus élevés qu'en France : ainsi on estime ordinairement le produit brut d'une vache de 400 à 450 francs par an. Dans quelques comtés éloignés des centres de consommation, il descend plus bas, et souvent les cultivateurs vendent à un laitier le produit annuel de leurs vaches à raison de 250 francs par tête. Mais près des villes, et on sait qu'elles sont nombreuses en Angleterre, le produit du lait, par la vente au détail, est très-avantageux ; il est rare qu'il vaille moins de 20 centimes le litre; dans beaucoup de villes importantes son prix est même plus élevé; c'est ce qui explique la grande valeur des animaux de choix et le loyer élevé des prairies situées à proximité des grands centres de population.

En France, le prix de vente du lait est bien inférieur, et c'est par cette raison que tant de vacheries ont été supprimées dans notre département; la moyenne n'est pas de plus de 10 à 11 centimes le litre, ce qui s'explique, soit par les frais de transport souvent considérables dont il est grevé, soit par la consommation qui est plus irrégulière et moins générale qu'en Angleterre. Elle est en effet subordonnée à l'abondance plus ou moins grande de divers autres produits, tels que les légumes et surtout les fruits, qui sont souvent préférés au lait.

La transformation du lait en beurre et en fromage est également plus avantageuse en Angleterre que chez nous. Ainsi nulle part, dans nos diverses excursions, nous n'avons trouvé le beurre au-dessous de 2 fr. 50 cent. le kilogramme; presque partout nous l'avons vu à 3 et 3 fr. 50 c. Dans les villes, il atteint même le prix de 4 francs le kilogramme, et les qualités supérieures sont souvent cotées au delà. Du reste le beurre anglais n'est pas meilleur que le nôtre, il est même loin de valoir nos bons beurres de Normandie; mais il est peut-être d'une qualité plus égale, provenant probablement des soins et de la propreté que l'on apporte à sa confection.

La fabrication du fromage de Chester, dont on fait une si grande consommation, est, après le beurre, la manière la plus générale de tirer parti du lait. Il faut environ huit litres de lait pour faire un kilogramme de ce fromage, qui vaut en moyenne de 1 fr. 30 à 1 fr. 40 c.; le lait se trouve donc ainsi payé 16 à 18 centimes le litre. Mais les qualités supérieures sont comme en toutes choses payées beaucoup plus cher et valent jusqu'à 2 et 3 francs le kilogramme, ce qui paye le lait de 25 à 37 centimes, prix très-élevé, mais que l'on ne peut atteindre que dans certaines localités, et avec une fabrication très-soignée (1).

En admettant que le Chester paye le lait en moyenne de 18 à 20 centimes, nous arrivons encore à un prix bien plus élevé que celui que peut produire la fabrication des fromages en France, si l'on en excepte toutefois les fromages de Brie, dont on peut apprécier l'importance de la production par les chiffres que nous avons cités plus haut.

Tous les autres emplois que nous pouvons donner au lait le payent à un prix bien inférieur. Ainsi la fabrication du beurre ne le fait pas rentrer à plus de 8 à 10 centimes le litre, et l'engraissement des veaux de 5 à 8 centimes, malgré le prix élevé de leur viande sur les marchés de Paris.

---

(1) Nous devons tous ces renseignements, ainsi que plusieurs autres qui nous ont servi à faire ce travail, à l'obligeance d'un jeune cultivateur anglais, M. Lewis, auquel nous devons exprimer ici tous nos remercîments pour l'empressement qu'il a mis à nous les fournir. Nous devons citer aussi le nom de M. Defontenay jeune, cultivateur français établi temporairement en Angleterre, qui a bien voulu mettre à notre disposition des notes très-exactes et très-détaillées sur les pratiques de l'agriculture anglaise.

Il nous paraît utile de dire ici quelques mots sur les résultats que donne l'engraissement du bétail en Angleterre. C'est à un an et demi ou deux ans, suivant les races, que les bestiaux sont achetés pour être soumis à l'engraissement, lequel dure suivant les circonstances de trois à huit mois, et quelquefois un an et plus pour les bêtes destinées à paraître dans les concours. Ces races, qui sont toutes plus ou moins précoces, achèvent de prendre tout leur développement en même temps qu'elles s'engraissent, et payent par cette raison les aliments qu'elles consomment à un prix plus élevé que nos races françaises. Un cultivateur anglais nous disait que, l'année dernière, où la viande s'était mal vendue, l'engraissement de bœufs devons ne lui avait donné qu'un écart de 180 francs entre le prix d'achat et celui de la vente; mais qu'en moyenne cet écart était de 200 à 300 francs, et payait largement toutes les nourritures consommées. Il n'est pas rare que des animaux bien engraissés se vendent le double de ce qu'ils ont coûté.

Nous devons donc constater ici que, soit par la plus grande aptitude des races anglaises à prendre la graisse, soit à cause du prix élevé de la viande, l'engraissement offre une marge bien plus avantageuse aux agriculteurs en Angleterre qu'en France; les conditions dans lesquelles nous opérons étant entièrement différentes, il est évident que nous ne pouvons arriver aux mêmes résultats.

Cette observation s'applique aussi bien aux races bovines qu'à celles ovines et porcines; ces deux dernières surtout ont été considérablement améliorées depuis le commencement de ce siècle, et forment un des produits principaux de l'agriculture anglaise.

Produits des basses-cours.

Les produits des basses-cours sont peu importants en Angleterre : son climat humide se prête mal à l'élève des volailles, et, malgré les efforts faits depuis quelques années, cette industrie n'a encore pris que peu de développement.

Cependant, de même que tous les animaux, les volailles sont entourées de toutes sortes de soins; on leur consacre ordinairement une petite cour particulière, dont une partie est en gazon ; des poulaillers, le plus souvent construits en planches et tenus avec la plus grande propreté, leur servent d'abri contre les intempéries. Malgré cela, les poules anglaises sont assez mauvaises pondeuses et couvent difficilement. La race la plus estimée est celle de Dorking, originaire du comté de Surrey : elle est très-appréciée pour la qualité de sa chair et sa précocité. Ce genre de production est loin de suffire à la consommation anglaise : aussi chacun sait qu'une très-forte importation de ces produits a lieu tous les ans de nos côtes de Normandie et de Bretagne.

Nous arrivons maintenant aux laines, le dernier des produits des animaux dont nous ayons à nous occuper.

Laines.

Presque tous les pays du monde avaient envoyé des laines à l'Exposition : on sait en effet que la race ovine présente ce caractère de pouvoir vivre sous les latitudes les plus diverses. On la rencontre non-seulement dans toute l'Europe, depuis le nord de la Russie jusqu'aux contrées les plus méridionales, telles que l'Espagne et la Turquie, mais encore sur presque toute la surface du globe, dans les déserts de l'Afrique et dans les climats si variés de l'Asie et de l'Amérique. Là où elle n'existait pas elle s'est acclimatée avec la plus grande facilité et s'est développée rapidement. On peut citer comme exemple la prospérité croissante des troupeaux dans les colonies anglaises, où leur importation ne date que du commencement de ce siècle.

L'Angleterre nous a montré une collection très-complète de ses laines. Les plus fines paraissent être celles provenant de la race de Southdown ; elles ont beaucoup gagné depuis quelques années sous le rapport de l'ampleur de la toison et de la longueur de la mèche.

En général, les laines anglaises sont grosses, lisses et peu tassées ; telles sont celles des races Dishley, Cotswold, et elles ne sont pas, comme nos laines métis-mérinos, armées de petits crochets qui, dans le filage mécanique, s'enchevêtrent les uns dans les autres, ce qui donne au fil une grande solidité. Elles sont surtout propres au peigne et ne peuvent être filées que grâce à la longueur de leur mèche, et par des machines toutes spéciales. Leur fil est surtout employé pour la trame, dans les étoffes mélangées, dont la chaîne est en soie ou coton. Par cette raison elles sont d'un emploi bien moins général que nos laines métis-mérinos. Les toisons des moutons anglais, malgré leur volume, ne donnent guère plus de 1 k. 1/2 à 2 k. 1/2 de laine lavée à dos. Ainsi, dans une des fermes que nous avons visitées, un beau troupeau cheviot croisé leicester avait donné, en 1861, cette dernière quantité qui avait été vendue 3 fr. 80 c. le kilo, soit 10 francs par toison. Ce produit peut être considéré comme élevé; la plupart des toisons de laines anglaises ne produisent guère plus de 7 à à 8 francs, en supposant que la laine soit à un prix ordinaire, car celui de 3 fr. 80 c., obtenu pour le troupeau dont nous venons de parler, est exceptionnel.

Il ne faut pas croire que les Anglais négligent complétement leurs laines au profit de la viande : par le choix des reproducteurs ils cherchent également à l'améliorer, mais ils y parviennent difficilement, les conditions climatériques dans lesquelles ils se trouvent n'étant pas favorables à la production des laines fines.

L'exposition française dans cette catégorie, quoique nombreuse, était loin d'être aussi complète qu'on aurait pu le désirer, beaucoup d'éleveurs s'étant abstenus d'envoyer des échantillons de leurs produits.

Le département de Seine-et-Marne, où l'amélioration de la race ovine a fait de si grands progrès depuis quelques années, n'avait envoyé qu'un nombre restreint d'échantillons. Nous avons remarqué ceux exposés par MM. Garnot, de Genouilly, Simonet et Bouvrain, de Maison-Rouge.

Les laines exposées par M. Garnot, qui ont été médaillées, se font particulièrement remarquer par le nerf, la souplesse et le tassé joints à une assez grande finesse provenant d'une légère infusion de pur sang des rambouillets faite il y a quelques années dans son troupeau, lequel n'a d'ailleurs rien perdu par là de sa belle conformation.

Celles de M. Simonet se distinguent par la longueur de leur mèche, et celles de M. Bouvrain par leur tassé et leur moelleux.

Nous regrettons de ne pas avoir vu figurer dans cette exposition les produits du troupeau de M. Dutfoy, qui forme un type remarquable des laines de Brie, telles que nous devons les produire aujourd'hui.

Parmi les laines de sortes diverses, on distinguait les échantillons provenant des croisés dishleys, du beau troupeau de M. Pluchet (1); puis ceux de la race soyeuse de Mauchamp; ceux enfin de la Charmoise.

De nombreux échantillons de laines figuraient dans les expositions des départements de Seine-et-Oise, de l'Aisne, de la Marne et de la Côte-d'Or, où la race ovine est l'objet de soins si intelligents.

Nos départements du Centre et du Midi avaient aussi envoyé des spécimens de leurs produits, quelques-uns améliorés par les croisements qui ont été pratiqués avec succès depuis quelques années dans ces localités; d'autres nous représentant diverses sortes communes, qui sont, jusqu'ici, restées ce qu'elles étaient au commencement de ce siècle.

L'Algérie nous présentait surtout ses espèces grossières et primitives; cependant quelques échantillons de laines mérinos prouvaient que cette race peut prospérer sous ce climat, et il est même permis d'espérer qu'elle sera un jour le meilleur moyen de tirer parti de notre colonie.

L'Allemagne avait exposé ses belles laines de la Saxe et de la Silésie : on remarquait plutôt un progrès sous le rapport du poids des toisons que sous celui de la finesse.

Les laines d'Espagne sont restées ce que nous les connaissons sans avoir subi aucune amélioration.

Ici se représente naturellement la question tant de fois traitée de la laine et de la viande. Déjà deux rapports remarquables ont été faits sur ce sujet par un de nos honorables collègues, M. Teyssier des Farges, à l'occasion du concours agricole universel de 1856 et du concours général et national de 1860. Nous regrettons, pour notre part, que la division

---

(1) Cette sous-race a été, comme on le sait, créée, il y a une vingtaine d'années, par cet habile agriculteur, qui n'a cessé depuis de l'améliorer, soit sous le rapport de la qualité de la laine, soit sous celui de la conformation, qui est aujourd'hui des plus remarquable.

Depuis quelques années, la Beauce emploie très-avantageusement les béliers de cette race au croisement de ses troupeaux, qui ont peut-être jusqu'ici amélioré trop exclusivement au point de vue de la laine, et au détriment des formes.

des matières entre les diverses sous-commissions qui a été cette fois-ci modifiée, peut-être à tort selon nous, ne l'ait pas mis à même de traiter encore cette question, qui est d'ailleurs intimement liée à toutes celles concernant les races ovines.

Nous passerons donc rapidement sur ce sujet, nous attachant surtout à établir quel est l'état de la question d'après les améliorations réalisées depuis la dernière exposition.

Cet examen fait ressortir plusieurs points principaux :

1° Devons-nous, par suite du changement de législation intervenu depuis deux ans, abandonner la production de la laine, en ne la considérant que comme un produit accessoire, et nous appliquer exclusivement à celle de la viande, par l'introduction des races anglaises ?

2° Devrait-on seulement, au moyen de croisements raisonnés, transformer progressivement nos races, de manière à nous livrer à la fois à la production de la laine et la viande ?

3° Serait-il préférable de conserver nos races actuelles, sauf à les améliorer sous le rapport de la précocité ?

I.

L'introduction du mérinos au commencement de ce siècle a singulièrement amélioré nos laines de Brie. Depuis, par suite des soins intelligents apportés à nos troupeaux, elles ont acquis une qualité tout à fait supérieure, et peuvent être classées maintenant parmi les meilleures laines connues. Elles sont propres à tous les usages, et particulièrement à la draperie. Les procédés mécaniques si ingénieux de MM. Weillmann et Lister, qui datent à peine d'une dizaine d'années, permettent de les employer maintenant aussi facilement par le peigne que par la carde, ce qui leur procure un débouché presque indéfini. De plus, par la longueur de leur mèche et par leur force, elles sont avantageusement utilisées pour des mélanges avec les laines plus fines, plus douces, mais aussi moins solides de l'Australie. Par ces emplois divers, nous sommes donc toujours certains de pouvoir vendre nos laines, mais à la condition toutefois de renoncer à la production des laines fines et de nous appliquer à celle des laines intermédiaires, pour lesquelles nous n'avons pas à craindre la concurrence étrangère, qui est appropriée à notre climat et à nos systèmes culturaux.

Comment pourrions-nous, en effet, pour le même genre de production, essayer de lutter avec l'Australie, la Nouvelle-Zélande, le Cap et même la Russie, où des espaces immenses, sans culture, offrent un pâturage facile à des troupeaux qui comptent jusqu'à 30, 40, 100 mille têtes et au delà, où la terre est sans valeur, et où l'espèce ovine se plaît particulièrement et est susceptible d'un accroissement presque indéfini ?

On peut se faire une idée de l'augmentation de la production des laines dans les colonies anglaises et autres par les chiffres suivants : en 1820, leurs exportations s'élevaient à 4,900,000 kilog.; en 1860, elles sont montées au chiffre énorme de 74,200,000 kilogrammes (1); et ces quantités augmenteront certainement encore dans une forte proportion. Remarquons aussi que la laine par sa grande valeur sous un faible poids peut être transportée à de grandes distances sans que son prix s'en trouve sensiblement augmenté : ainsi d'Australie en Angleterre le prix de transport d'un kilogramme de laine lavée à dos n'est aujourd'hui que de 15 centimes, prix insignifiant si on le compare à celui d'un kilogramme de laine. Dans les conditions où nous nous trouvons, nous ne pouvons évidemment lutter avec ces pays ; mais en suivant la marche que beaucoup de nos éleveurs ont déjà adoptée, c'est-à-dire en nous attachant à la production des laines longues fortes et nerveuses plutôt que fines, nous serons toujours certains de trouver un débouché avantageux à nos laines ainsi transformées, suivant les nécessités de la nouvelle position qui nous est faite.

Les Anglais ont essayé d'introduire chez eux le mérinos ; mais, moins heureux que nous, ils ont dû y renoncer à cause de l'humidité de la température. Ils dirigèrent alors leurs efforts dans un autre sens et créèrent ces belles races de boucherie que nous voyons aujourd'hui et qui sont arrivées à un si haut degré de perfection.

Devons-nous imiter leur exemple et introduire ces races dans nos exploitations?

L'acclimatation d'une race étrangère offre toujours de grandes diffi-

(1) Rapport de M. Bella sur les laines à l'Exposition de Londres de 1862.

cultés; des soins et des précautions de toutes espèces sont nécessaires pour atténuer les changements de climat et de nourriture ; aussi certains essais déjà tentés dans ce sens n'ont-ils pas réussi : si d'autres ont donné de bons résultats, cela prouve au moins que l'entreprise est délicate et incertaine.

Dans certaines conditions ces introductions peuvent être avantageuses : lorsque la race locale est défectueuse sous le rapport des formes et de la laine; mais il n'en n'est pas de même dans notre département, où nos troupeaux ont tant gagné depuis quelques années sous le rapport de la conformation. Les conditions économiques de notre agriculture ne sont d'ailleurs pas les mêmes que celles de l'Angleterre. Nous ne possédons pas ces excellents pâturages où, sans déplacement, les troupeaux trouvent pendant presque toute l'année une nourriture facile et abondante. Au contraire, dans nos exploitations généralement divisées, ils sont souvent obligés de faire de longues courses et par des chemins difficiles pour aller chercher leur nourriture : il nous faut donc des races moins pesantes et plus aptes à supporter les fatigues. Il faut bien le dire aussi, par suite des conditions différentes dans lesquelles nous sommes placés, nous produirions toujours ces viandes à un prix de revient plus élevé que les Anglais, et nous les vendrions moins avantageusement, surtout les premières qualités.

II.

Le croisement est certainement une opération moins incertaine que l'introduction d'une race étrangère pure, mais il demande une grande expérience dans le choix des reproducteurs. Ce n'est pas tout que de croiser deux races, il faut encore que les sujets dont on fait choix aient une certaine affinité entre eux; autrement on obtiendrait, ce qui est arrivé souvent, des produits mal conformés et dont les diverses parties du corps ne seraient pas en harmonie. Cependant des essais ont été tentés dans ce sens et plusieurs ont pleinement réussi, notamment avec le dishley. Nous citerons, entre autres, les troupeaux remarquables de MM. Pluchet, deTrappes, Petit, de Neufmontiers et Lavaux, de Choisy-le-Temple. Il est hors de doute que par ces croisements on obtient plus de précocité et une facilité plus grande à l'engraissement : ainsi il est certain que si, dans l'état actuel de nos troupeaux, et avec une nourriture ordinaire, il faut quatre ans pour produire un métis-mérinos, il n'en faudra que deux ou trois pour obtenir un croisé ayant atteint tout son développement, et que même en faisant la part de la plus grande valeur des toisons du métis, l'avantage restera encore au croisé; mais, d'un autre côté, d'après divers essais qui ont été faits depuis quelques années, il paraît positif qu'avec une nourriture abondante et appropriée au but qu'on se propose, on peut arriver à produire des métis-mérinos pesant à 18 ou 20 mois le même poids que de bons croisés. Plusieurs éleveurs de notre département ont obtenu ces beaux résultats, notamment MM. Garnot, de Genouilly, Dutfoy, Simonet et plusieurs autres.

Dernièrement, nous avons vu chez un de nos collègues, M. Decauville d'Egrenay, un lot de jeunes moutons âgés de 13 mois qui avaient déjà atteint le poids brut de 60 kilog., et qui se trouvaient dans un état d'engraissement tel qu'ils auraient pu être livrés à la boucherie comme viande de première qualité. Il est certain qu'on n'aurait pas eu de meilleurs résultats avec les croisés dishleys, car ceux des meilleurs troupeaux qui sont abattus de 10 à 11 mois après avoir été nourris abondamment ne dépassent pas 25 à 28 kilog. de viande (1). Reste la question de nourriture et de prix de revient; il est probable que ces derniers auraient coûté moins cher pour arriver à ce poids que des métis, et cela se conçoit, puisque cette précocité et cette facilité à prendre graisse, ils les tiennent de leurs parents, tandis que chez les premiers il faut l'obtenir artificiellement en quelque sorte; mais il est évident qu'au bout de plusieurs générations elles deviendraient naturelles et héréditaires comme chez les races anglaises perfectionnées.

Les résultats qui ont été obtenus jusqu'ici doivent-ils nous engager à entrer dans la voie du croisement pour l'amélioration de la race de notre département?

Nous ne le pensons pas, en principe, car ces essais sont peut-être encore trop récents et n'ont pas été faits d'une manière assez générale pour que l'on puisse être complétement fixé à ce sujet. Ils ont eu lieu

---

(1) Nous ne parlons pas ici, bien entendu, des animaux de concours qui, choisis parmi l'élite d'un troupeau, nourris d'une manière tout exceptionnelle, peuvent atteindre un poids plus considérable.

dans des localités où le sol, généralement froid et très-fertile, a quelque analogie avec les plaines du Leicestershire; il est possible que dans d'autres moins riches et d'une nature différente l'acclimatation du dishley aurait moins bien réussi. Il est vrai que d'autres races, le southdown, par exemple, pourraient mieux convenir à ces sols différents ; mais aucun essai dans ce sens n'ayant encore été tenté dans notre département, nous ne pouvons faire ici que des conjectures. Et à ce sujet qu'il nous soit permis de formuler ici un vœu : ce serait que les comices du département fussent mis en position d'acheter plusieurs béliers dishleys et southdowns destinés à faciliter les essais de croisements dans nos différents arrondissements ; ces béliers seraient mis à la disposition d'un certain nombre de cultivateurs, qui, pouvant ainsi élever au milieu de leur troupeau quelques croisés dans les mêmes conditions de nourriture, de soin, de pâturage que leurs métis, seraient par là mis à même de juger quelle est la race qui donnerait les meilleurs résultats et payerait au prix le plus élevé les diverses nourritures; c'est là, selon nous, le seul moyen d'arriver d'une manière positive à la solution de cette question, qui présente un si grand intérêt pour notre agriculture.

III.

Nous venons de voir que l'introduction et le croisement des races étrangères, bien qu'ayant donné d'assez bons résultats, sont des opérations chanceuses et difficiles; nos races du département de Seine-et-Marne ont certainement gagné beaucoup depuis quelques années; elles ont acquis plus de branche et une meilleure conformation, mais elles laissent encore à désirer pour la précocité et l'aptitude à l'engraissement; cependant, ainsi que nous venons de l'établir, il est possible de les améliorer beaucoup sous ce rapport. Il paraît donc préférable, d'après cela, d'arriver à leur perfectionnement, non par les croisements, mais bien par elles-mêmes. D'ailleurs, en agissant ainsi, nous ne ferons que suivre l'exemple des Anglais. Ce n'est pas par le croisement que les Bakewel, les Elmann et leurs successeurs ont transformé si radicalement le dishley et le southdown, qui n'étaient autrefois que des races mal conformées et bien inférieures à celles que nous possédons aujourd'hui, mais c'est en améliorant ces races par elles-mêmes, au moyen de la sélection, d'une nourriture abondante et appropriée au but que l'on voulait atteindre, et enfin par une longue persévérance qu'ils sont arrivés à obtenir ce résultat.. Il est vrai que les Anglais ont fait de nombreux croisements depuis un certain nombre d'années; mais ils ne sont entrés dans cette voie que quand leurs différentes races avaient déjà acquis un haut degré de perfection, et par divers autres motifs qu'il serait trop long d'énumérer ici.

Il nous est donc permis d'espérer qu'en employant les mêmes moyens que nos voisins, nous pourrons obtenir de semblables résultats; favorisés par notre climat, nous pouvons même avoir l'espoir de faire mieux encore et d'arriver, dans de certaines limites, à la solution de ce problème si difficile et si important: à la production simultanée de la laine et de la viande.

RÉSUMÉ.

L'étude de l'agriculture anglaise est certainement fertile en enseignements, et bien que nous soyons placés dans des conditions toutes différentes, nous avons encore quelques bons exemples à lui emprunter.

Pour nous résumer, nous signalerons particulièrement à votre attention :

1° Avant tout, la propreté remarquable avec laquelle les Anglais tiennent toutes leurs cultures. Nous ne sommes pas encore arrivés à les égaler sous ce rapport, et beaucoup de nos engrais sont, du moins dans un certain nombre d'exploitations, consommés en pure perte par les plantes parasites;

2° L'emploi considérable qui est fait du superphosphate de chaux pour les racines et les tubercules, et celui de la poudre d'os pour les prairies;

3° Le grand parti que les Anglais tirent de la culture du raygrass ; il nous paraîtrait utile que des essais de ce fourrage fussent faits dans les conditions que nous avons indiquées;

4° L'extension qu'a prise la culture de l'orge Chevalier, qui partout a donné des résultats satisfaisants;

5° Les travaux et améliorations de toute espèce dont les prairies sont l'objet;

6° Les perfectionnements que les Anglais apportent à leurs semences de toute nature;

7° Enfin le parti avantageux qu'ils tirent de leurs bestiaux et les soins qu'ils apportent à la fabrication de leurs produits.

Depuis vingt ans surtout, l'industrie agricole de notre département a fait d'immenses progrès, et elle a regagné en grande partie l'avance de plus d'un demi-siècle que l'agriculture anglaise avait sur elle. Nul doute, qu'avec le secours de la science et de l'industrie, avec celui du crédit dont on peut enfin espérer voir dotée l'agriculture française, et surtout par les efforts persévérants de nos habiles cultivateurs, nous n'arrivions bientôt à égaler nos voisins, si ce n'est même à les surpasser.

Le Rapporteur,

P. Muret.

DEUXIÈME PARTIE.

A l'Exposition universelle qui eut lieu à Paris en 1855, on ne compta que dix engrais présentés par des exposants français ; cette année, à Londres, la France en a fait admettre une vingtaine ; l'Angleterre et les autres nations n'en avaient qu'un petit nombre. Ces échantillons étaient placés parmi les produits de l'agriculture et recevaient par cette admission, après avoir concouru à la fertilité du sol, une première consécration de leur mérite. Ils en attendaient une autre, celle de la visite du jury, qui leur fit défaut par suite de malentendu ; en sorte qu'au jour de la distribution aucun nom n'a été proclamé. Mais l'opinion publique est aujourd'hui fixée sur l'importance des engrais artificiels, trop d'éloges ont été donnés dans les comices aux engrais de certaines fabriques et aux louables efforts faits par des publications sérieuses pour la vulgarisation des saines doctrines sur l'emploi, en agriculture, de matières autrefois délaissées et qui aujourd'hui ont un cours assuré, pour que leurs auteurs prennent du découragement de ce qui vient d'arriver.

En se présentant à Londres, aucun des exposants n'a eu la prétention de détrôner le roi des engrais, le fumier de ferme obtenu dans des conditions normales ; ils présentent leurs produits comme des auxiliaires. Ils ne nient pas les secours que prêtent chaque année à l'agriculture les 20 millions de kilogrammes de guano introduit en France sous le pavillon national ou par navires étrangers. Les guanos, comme le fumier de ferme, ont acquis droit de cité ; on les a vus à l'œuvre, bien que tous soient loin d'avoir la richesse en azote des deux échantillons envoyés à l'exposition et dans l'un desquels un sel ammoniacal se décèle par sa cristallisation. Les calomnier serait parfaitement inutile ; en médire est tout au plus permis, par la raison que ce produit se présente dans le commerce avec des proportions d'azote et de phosphate trop variables. Ce n'est pas toujours 12 à 14 p. 0/0 d'azote que l'analyse constate, c'est plus souvent 8. La quantité de phosphate de chaux varie dans des limites non moins étendues : si des échantillons fournissent 87 p. 0/0, il en est qui ne donnent que 25, même 19. Ce que les exposants cherchent à établir, c'est que, loin des ports, le guano ne parvient au cultivateur que grevé de frais de voiture, de commission et d'expertise ; c'est que les principes fertilisants du guano, décelés par des analyses exactes, peuvent, par une synthèse intelligente, être rassemblés pour donner un résultat identique au guano. Les exposants font enfin valoir les services que leurs engrais sont appelés à rendre dans les terres éloignées des fermes, où le charroi des fumiers humides est difficile et prend trop de temps au cultivateur ; dans ce cas, ils conseillent une demi-fumure et de l'engrais artificiel en proportion variable, selon l'état du sol et la plante qu'on doit cultiver.

Les engrais composés et dits complets qui répondent aux nécessités des cas précités, insuffisance de fumier ou éloignement du champ de culture, on les trouve aujourd'hui sur tous les points de la France, et s'ils y apparaissent et se multiplient, c'est qu'ils répondent à un besoin : fumure abondante, riche en principes fertilisants et à bon marché. Les comices ont donc raison d'encourager les tentatives de ce genre ; Valenciennes, Saint-Lô, Grenoble, Nantes, Clermont-Ferrand et Paris avaient fait admettre des échantillons sur chacun desquels j'ai pris les notes suivantes.

Le fumier de ferme est représenté à l'exposition par une série d'échantillons desséchés pour la circonstance et envoyés par l'habile directeur de l'établissement agricole de Grignon, pour montrer jusqu'à quel degré ce produit peut être élevé par les soins du cultivateur qui veut s'en donner la peine ; car M. Bella en a porté le titre en azote jusqu'à 0,7 p. 0/0 au lieu de 0,4, sur lequel on calcule ordinairement.

Le guano des îles Chincha envoyé par un consul comme spécimen est sans doute plus riche en phosphate de chaux que celui qui se rencontre habituellement dans le commerce. Il est là pour l'édification des négociants qui peuvent traiter pour de fortes parties.

Deux manufacturiers de la Charente-Inférieure offrent des débris d'huîtres pour amendement ; ce produit, par sa nature, n'est appelé à rendre des services qu'aux contrées limitrophes du lieu de sa collection.

Les débris de poisson et les résidus de la fabrication des huiles de squales sont maintenant trop recherchés pour que les détenteurs de ces produits n'aient pas pensé à l'Exposition de Londres pour signaler leurs maisons à l'attention publique. La richesse des déchets de poisson égale celle du guano en azote et ne lui est inférieure que pour celle du phosphate de chaux. J'ai rencontré quelques échantillons de ce genre d'engrais dans les divisions étrangères ; j'en ai particulièrement remarqué un, dans la section de Suède et de Norvége, composé de cartilages de poisson desséchés et réduits en poudre grossière permettant à la loupe une appréciation préalable de sa nature ; une étiquette fatiguée portait : Fisch Guano. Eau 13, phosphate 25, ammoniaque 10.

La France compte pour exposants en ce genre M. Spierz, de Valenciennes, et M. Delattre, à Dieppe, qui donnent aussi à leurs produits le nom de Guano de poisson.

Les cendres pyriteuses de l'Aisne envoyées par madame Lecoq, de Jaulgone, sont les plus riches de ce département. Elles accusent près de 50 p. 0/0 de sulfure de fer, et le reste principalement en lignites. Les proportions de sulfure, dans les gisements de la contrée, varient malheureusement trop ; elles se réduisent, dans certains, à de minimes quantités. Cette fâcheuse circonstance arrête le bon vouloir de plus d'un cultivateur pour faire emploi de ces cendres ; car on sait que le fer, soit à l'état de sel soluble, soit à l'état d'oxyde, exerce une utile action sur les terrains où il est employé.

L'influence heureuse exercée également sur le sol, dans certaines contrées de la France, par le noir, résidu de la clarification des sirops de sucre, et la quantité forcément restreinte qu'il était possible de s'en procurer, comme aussi la limite du prix qu'on pouvait y mettre, ont appelé l'attention de la science sur une substance qu'on savait composée des mêmes éléments, mais dont on ignorait la présence sur le sol français en quantité considérable. Des recherches couronnées de succès ont révélé à l'agriculture une source nouvelle de phosphate de chaux qu'elle demandait aux os et au guano. Le nouvel engrais, avant d'être accepté, avait à faire ses preuves ; il éprouva, à son début, des chances diverses, plus de bonnes cependant que de mauvaises, et un examen attentif de son effet dans les sols différents ne tarda pas à fixer l'opinion des agronomes, et aujourd'hui le phosphate fossile est accepté comme un succédané du phosphate de chaux provenant des os. Sans doute le noir des raffineries, par son état de division, par sa porosité, par son mélange avec les substances organiques qu'il retient à sa sortie des fabriques, a sur l'engrais fossile un avantage, mais que l'acheteur paye trop cher, ainsi que l'attestent les calculs sérieux des économistes agricoles. On peut donc espérer qu'un revirement de l'opinion publique en faveur de l'élément fossile s'opérera quand les cultivateurs qui ne l'ont pas encore employé auront pu se convaincre, à force d'en voir des preuves autour d'eux, que le grief qu'on avait à objecter à l'élément fossile, sa difficile assimilation, disparaît lorsqu'on stratifie sa poudre avec du fumier de ferme, dont la fermentation développe de l'acide carbonique, un des agents nécessaires à sa solubilité.

Sur l'étagère d'un exposant anglais, M. Packard, figuraient, à côté de fragments assez gros de corne de cerf qui paraissaient avoir séjourné en terre, des échantillons sous le nom de coprolithes de deux espèces différentes, par leur aspect, de phosphate de chaux : l'un provenant des carrières du Suffolk, sous la forme de cailloux roulés empreints de quelques débris d'os de divers animaux. La variété provenant du comté de Cambridge est extérieurement plus grossière, de forme et de volume plus variés ; elle renferme en petite quantité des dents de poisson et quelques vertèbres, et contient davantage pour cent de phosphate que la précédente ; elle est plus facilement soluble dans les acides et doit avoir la préférence sur les fossiles de Suffolck. Ces diverses substances pulvérisées sont livrées au commerce sous la garantie de leur richesse. La première contient de 55 à 60 p. 0/0 de phosphate au prix de 45 à 50 fr. par tonne (schilling, 1 fr. 25 c.) ; la seconde, de 55 à 60 p. 0/0 de phosphate au prix de 50 à 55 fr. par tonne.

Sous le titre de superphosphate de chaux, un mélange de ces coprolithes traités par les acides, avec de la poudre d'os et autres substances, l'exposant présente une troisième qualité d'engrais cotée au prix de 80 à 100 schillings la tonne.

Dans la section française, l'exposition correspondant à cet engrais était faite par la maison Demolon et Cochery. Ses phosphates coprolithiques, produit du sol de la France, sont levées en poudre *naturelle;* je souligne le mot en l'expliquant par la citation suivante :

« Les phosphates fossiles en nodules sont des produits naturels que « l'industrie offre aux cultivateurs, sans leur avoir fait subir aucune « autre préparation que celle de la pulvérisation. Leur richesse en « phosphate tribasique de chaux oscille entre 40 et 50 p. 0/0. On y « trouve, en outre, une petite quantité de phosphate de fer, une cer- « taine proportion de carbonate de chaux, et enfin 30 p. 0/0 de sable, « d'argile et d'eau. Le phosphate des Anglais a une tout autre compo- « sition, attendu que cet engrais est fabriqué avec des phosphates de « toute nature et de toute provenance (nodules, phosphates, apatite « d'Espagne, os calcinés, os broyés, etc., etc.) et de l'acide sulfurique. « Ce dernier réactif, en agissant sur les phosphates, leur enlève une « partie de leur base, donne naissance à du sulfate de chaux, ou plâtre, « et les rend solubles, puisqu'il les amène à l'état de phosphates « acides. »

Le phosphate Demolon est livré au prix de 60 fr. les 1,000 kilog. (contenant entre 40 et 50 p. 0/0 de phosphate) pour une quantité inférieure à 5,000 kilog., avec réduction de 10 fr. pour toute quantité supérieure à 5,000 kilog., au bureau, rue Richelieu, 64.

Puisque le but de ce rapport est de faire ressortir les avantages que présentent les produits exposés, je me permets encore une citation : « Ainsi, pour la même dépense en phosphate de chaux fossile, on a « obtenu plus du double de récolte qu'ave la *même somme* en poudre « d'os, et trois fois et demie plus qu'avec le noir animal. »

Je devais à M. Demolon de le citer en première ligne, en raison de l'initiative qu'il a prise dans l'exploitation de l'engrais fossile; mais il n'était pas seul exposant de ce produit naturel; la maison Maupas et Scheiff, à Bar-le-Duc, offre aussi des poudres de même nuance et finesse que celles du magasin de Paris; elles proviennent des coprolithes recueillis dans la contrée et rendent à l'analyse également 40 à 50 p. 0/0 de phosphate de chaux pur. L'action de cette substance se manifeste plus particulièrement dans les terrains neufs et riches en humus. Placée sur la voie de fer de l'Est, il peut être utile à notre département de signaler les conditions de prix que cette maison a établies: c'est 32 fr. 50 c. les 1,000 kilog. Les expéditions se font par vagons complets de 5 à 10 tonnes, afin de profiter du bénéfice des tarifs spéciaux. L'envoi se fait soit en vrague, dans ce cas, le calfatage du wagon se paye 2 fr.; soit en sac (1 fr. la pièce) contenant 100 kilog. Transport de Bar-le-Duc à Meaux 10 fr. 70 c. la tonne. S'il fallait citer un nom et un exemple pour attirer l'attention de nos collègues sur ce produit, qui le mérite, nous dirions que, dans le domaine des Pâtis, commune d'Orbais-Abbaye (Marne), l'hectare de terre argileuse à sous-sol imperméable, en friche depuis longues années, phosphaté après quatre façons à raison de 1,000 kilog., a donné 780 gerbes de seigle, qui ont produit 30 hectolitres.

Mais le phosphate de chaux, si nécessaire à la constitution du grain des graminées, n'est pas le seul élément dont il importe d'enrichir le fumier. Il faut, si l'on ne possède celui-ci qu'en très-petite quantité, l'amener aux proportions convenables par hectare en recourant aux matières organiques animales de facile décomposition, qui fournissent, par la chaleur qu'elles développent, l'élément capital, l'azote, qu'une longue et onéreuse jachère pourrait seule remplacer en le demandant aux pluies, à l'air et aux végétaux enfouis par les labours d'entretien. Cette réflexion m'amène naturellement à parler de nouveau des engrais artificiels et des maisons qui offrent aux cultivateurs les matières isolées propres à reconditionner, dans la ferme, un fumier ou trop maigre, ou trop froid, ou insuffisant.

M. Derrien, médaillé en première classe à l'exposition universelle, en 1855, pour ses engrais artificiels, en a présenté plusieurs échantillons formant des catégories de force : il élève ou abaisse les proportions de la matière azotée et par compensation fait varier en sens inverse la richesse du phosphate de chaux, de manière à représenter au quintal de sa marchandise un prix toujours égal; c'est-à-dire 20 francs les 100 kilos. — Son numéro 1 contient 40 kilos de phosphate et 5 kilos d'azote, en calculant le kilo de phosphate à 0 25 c., celui de l'azote à 2 50 c. Plus loin je reviendrai sur ces derniers chiffres.

Les engrais de M. Derrien, de Nantes, ont figuré honorablement dans plus d'un concours, et M. de Gasparin en fait l'éloge en ces termes : « Nous avons attentivement examiné les échantillons de « M. Derrien et nous avons pu nous convaincre que, comprenant « bien le rôle des matières nutritives pour les plantes, notamment des

« phosphates, des sels et des débris organiques azotés, il réunit avec « intelligence ces agents de l'alimentation végétale............... « Des travaux aussi utiles, un succès si bien justifié méritent la pre- « mière récompense dont le jury dispose; il décerne une médaille « d'or à M. Derrien (Versailles, 1852, concours général, Payen, pré- « sident.) »

Cette citation, jointe à l'honorabilité connue de ce fabricant, me dispense de plus de détails. Le prix des engrais est, je l'ai dit, de 20 francs les 100 kilos. Ils sont en poudre sèche et s'emploient sans mélange avec d'autres substances. Leur action ne se prolonge pas au delà du temps que la plante à laquelle ils sont destinés met à accomplir les phases de sa végétation, comme agirait un fumier consommé. Il faut 500 kilos ou 100 francs d'engrais pour fumer (avec l'engrais de la première catégorie, contenant 5 d'azote et 40 de phosphate) un hectare en blé d'automne. (Les frais de transports par chemin de fer varient entre 5 et 6 centimes par kilomètre et par tonne sur la voie de l'Ouest.)

Engrais Dumas-Giraud, un nom qui doit porter bonheur à un chimiste manufacturier. Ce négociant de Clermont (Puy-de-Dôme) offre ses engrais à 18 francs les 100 kilos, pris en gare à Clermont, en accusant une richesse de 6 à 7 p. 0/0 d'azote et 12 à 15 de phosphate de chaux; 3 à 4 p. 0/0 de soude ou de potasse. M. Dumas fait entrer dans la composition de ses engrais des chiffons de laine séchés et moulus, des débris de corne des fabriques de coutellerie, de la charrée apportant un contingent de phosphate, de la pouzzolane, produit volcanique agissant chimiquement par les alcalis, soude et potasse qu'elle contient, et physiquement pour sa porosité à la manière des noirs d'os pour retenir les gaz à la disposition des plantes.

Engrais Krafft, honoré d'une médaille d'argent au concours national de 1860. Le plus élevé en titre des quatre numéros de cet engrais est le numéro premier : guano Krafft, azote 8 à 10 p. 0/0; phosphate 15 p. 0/0, prix 30 francs les 100 kilos; quantité à employer par hectare 350 à 400 kilos; ce numéro est tout à fait sec : produit des abattoirs municipaux, cet engrais peut varier en richesse et en nature selon les besoins du consommateur.

Engrais F. Namus, de Raismes-lès-Valenciennes, admis à l'exposition collective du Nord. Je ne sais sur son compte que ce que l'étiquette m'a appris; prix 20 francs les 100 kilos en vrague et 22 francs en balle; formule de composition : azote 7 p. 0/0, matières animales 60, phosphate 10, sels solubles alcalins 4, 5. La richesse de cet engrais est, on le voit, ordinaire.

M. Le Roux (Loire-Inférieure) annonce un engrais au prix de 23 francs les 100 kilos donnant 4 p. 0/0 d'azote, mais 50 p. 0/0 de phosphate; il a plusieurs numéros qui varient en nuance et qualité. Les Landes et la Bretagne ne manqueront pas d'apprécier cet engrais, puisqu'elles recourent à un produit similaire, le noir de fabriques.

M. Pers, fabricant, à Saint-Denis, de produits chimiques, dont plusieurs sont employés en agriculture, a été aussi médaillé au concours national de 1860, et il a exposé un engrais composé de matières d'origine organique en poudre grossière, à laquelle il a joint des râpures d'os pour équilibrer l'azote et le phosphate dans les proportions convenables, ainsi que le montre l'analyse ci-après. Cet engrais se sème à la volée; il agit immédiatement et s'emploie à la dose de 600 kilos à l'hectare, qui reçoit ainsi 40 kilos d'azote. Cette fumure, à 18 francs les 100 kilos, revient donc à 108 francs.

COMPOSITION :

Humidité.......	10 »	Sels de pot. et sou.	8 50	Magnésie.......	4 »
Matière organique	41 30	Carbon. de chaux.	5 50	Fer et alumine...	2 35
Sels ammoniacaux	2 35	Phosp. de chaux..	20 »	Sable et silice...	6 »

M. Rohart clôt la liste. L'auteur du *Guide de la fabrication économique des engrais*, l'écrivain distingué qui dans son annuaire s'attache à éclairer les cultivateurs en signalant les avantages ou les inconvénients de l'emploi de telle ou telle matière proposée comme engrais, le manufacturier désintéressé qui, dans ses conférences faites aux séances de la Société d'agriculture de Meaux, initie ses auditeurs aux secrets de son industrie et leur prouve par le témoignage irréfragable des chiffres qu'ils ont tout profit à entrer dans la voie qu'il signale et qu'il jalonne, M. Rohart, comme exposant dans la collection de *Seine-et-Marne*, a droit à une mention particulière dans ce rapport.

Son exposition consiste en plusieurs flacons renfermant des matières animales provenant de la cuisson des menus déchets de boucherie et des détritus des abattoirs de la ville de Paris, desquels on a séparé industriellement les corps gras qu'ils renfermaient et constituant une sorte de bouillie de chair cuite, de tendons, de petits fragments d'os, de corne, de poils mélangés de matières végétales très-divisées, de phosphates d'os broyés, de sang desséché, de chiffons de laine effilés et de menu poussier de charbon de bois, afin d'atténuer l'odeur et de prévenir les déperditions ammoniacales; le tout converti en tourteaux au moyen de presses hydrauliques, et vendu avec la garantie de la composition et de la richesse ci-après :

Matières organiques.....	45k.	» à » fr. 01 c.		» fr.	45 c.
Phosphates d'os.........	12	» à »	15	1	80
Azote.................	4	5 à 1	25	5	65
Humidité normale.......	38	5 à »	»»	»	»»
	100	pour.......		7	90

Un dixième du phosphate est soluble dans l'eau et immédiatement assimilable. Mille kilos pour une demi-fumure ; durée d'action, deux ans.

Cet engrais est livré au poids, mais vendu d'après sa richesse; il y a donc garantie sérieuse pour l'acheteur, garantie que le manufacturier assure en outre en offrant d'entrer pour moitié dans les frais d'une analyse si elle était demandée.

Les engrais de M. Rohart ne sont donc point en poudre comme les autres; les éléments qui les constituent sont ainsi qu'on le voit sur la limite de la désagrégation, et c'est pour les faire arriver à ce dernier état qu'il recommande leur incorporation dans le fumier de ferme, afin que les gaz naissants, si puissants en cet état, produits de la fermentation, pénètrent les subtances organiques et les rendent promptement assimilables. D'honorables attestations de succès comme chez les autres exposants, pour emploi de cet engrais, sont portés à la connaissance du public; et lui aussi M. Rohart a eu des médailles : une en argent au concours de 1860, et une en or à l'exposition de Londres, ce qui place ses engrais au rang de ceux qui rendent de réels services à l'agriculture.

Si noblesse oblige, réputation exige; le chef de cet établissement, jaloux de soutenir la sienne, s'est mis en mesure d'obtenir des masses importantes de déchets de poisson, têtes et vertèbres de morue, chair de baleine, matière riche en éléments de fertilisation (8 à 10 p. 0/0 d'azote et 20 à 30 p. 0/0 de phosphate), au moyen de laquelle il pourra élever au gré de l'acheteur le titre de l'engrais à livrer en fournissant le premier élément à 1 fr. 50 le kilo, et à 0 fr. 15 c. le kilo de phosphate.

Quelque pressé que je sois de terminer ce rapport un peu long, je ne puis passer sous silence l'expérience que ce manufacturier fait en ce moment en soumettant la corne, la laine, à l'action de la vapeur d'eau sous une haute pression atmosphérique, au moyen de quoi ces substances sont désagrégées et rendues solubles dans l'eau, et dans cet état plus aptes à être mêlées au fumier pour y subir la transformation nécessaire à la vie des plantes.

Si je m'étends longuement sur les produits de la maison Rohart, ce n'est pas pour chercher à établir en leur faveur une supériorité sur ceux des autres exposants, et m'établir arbitre, tout incompétent que je suis, et alors que le jury lui-même s'est abstenu; c'est pour montrer qu'en recourant à tant de matières, à tant de sources d'engrais, en ne faisant pas mystère de sa recette et des ingrédiens qui y entrent, elle prouve jusqu'à l'évidence aux cultivateurs qu'ils ont autour d'eux des armes pour lutter avec avantage contre le guano, et pour forcer ce dernier, non à disparaître, car il y aura longtemps place pour tout le monde, mais à abaisser de nouveau son prix commercial, descendu déjà de 60 à 40 fr. et même à 35 fr., parce que ce prix n'est pas en rapport avec la valeur agricole du guano.

Il n'est peut-être pas hors de propos, pour terminer ce rapport et pour faciliter au lecteur la comparaison des prix des divers engrais exposés, de dire ce qu'on entend par valeur agricole d'un engrais.

La valeur agricole d'une substance proposée pour engrais est le rapport de son prix à celui de la même substance contenue dans le fumier de ferme, établi dans de bonnes conditions, c'est-à-dire assez fermenté pour donner un poids moyen de 2,000 kilos par voiture, ou, tassé par son propre poids, peser 745 kilos le mètre cube, ce fumier servant de type. Si l'étiquette obligée des guanos porte le chiffre du poids de l'azote et du phosphate de chaux, c'est que ces deux substances sont les agents principaux de cet engrais comme de tous les autres, et que seuls, pour ainsi dire, ils doivent être l'objet de toute l'attention de l'acheteur. Dans un article publié en 1858 dans le Journal d'*Agriculture pratique,* numéro d'octobre, l'auteur portait à 10 francs le prix des 1,000 kilos de fumier acheté à Nantes, voituré sur le champ de culture et répandu, ce qui faisait ressortir le prix du kilo d'azote à 2 fr. 50 c. et celui du phosphate à 0 fr. 25 c. (le fumier type contenant 4 kilos par 1,000 d'azote et 4 kilos 1 de phosphate de chaux). Il se fondait en outre sur une certaine concordance du prix du guano naturel et celui des tourteaux oléagineux du département du Nord. Le chiffre donné à l'étalon de mesure à Nantes parut controversable dans nos départements du centre et plusieurs agronomes publicistes fixèrent le prix de revient au cultivateur du fumier confectionné avec ses pailles et pris sur place dans sa cour à 6 fr. 60 c. les 1,000 kilos, ce qui porte le prix de l'azote à 1 fr. 65 c. le kilo; quant à celui du phosphate de chaux, la facilité de se le procurer au moyen des os en fit fixer le kilo à 0 fr. 15 c.

En appliquant ces chiffres au dernier échantillon de guano que j'ai vu chez un cultivateur et acheté 35 francs les 100 kilos avec une richesse fertilisante de 13 kilos d'azote et 19 kilos de phosphate,

13 kilos d'azote multipliés par 1 fr. 65 donnent	21	45	24 30
19 — de phosphate multipliés par 0 fr. 15 c. donnent	2	85	

Le prix commercial de ce guano dépassait donc de beaucoup sa valeur agricole.

Il importait beaucoup que ces bases fussent établies avec rigueur, car plus le prix de l'azote du guano naturel et celui des engrais artificiels s'écartent du type, plus est grand le mérite de donner ces derniers, les engrais artificiels, bons, complets et à prix modéré. Le public n'ayant, à se rappeler que 1 fr. 65 c. d'une part, et 0 fr. 15 c. d'autre part, arrive en un instant à former son opinion sur l'engrais qu'on lui présente, quand cet engrais est, bien entendu, composé de substances d'origine organique, d'une décomposition certaine et facile au sein de la terre. La corne, les semelles de cuir, les os entiers sont des engrais, puisque le laboureur n'en retrouve pas de vieille date dans ses sillons; mais ce sont des engrais dont on jouit à titre foncier, on n'en a pas l'usufruit : ce n'est donc pas de ces sortes de substances ou de ces substances à l'état entier dont il peut être question.

Le rapporteur,

LE ROY père

(de Meaux).

QUATRIÈME SECTION.

Animaux de travail et de rente.

MONSIEUR LE PRÉFET,

En acceptant la mission que nous venons de remplir à Londres, nous espérions que partie au moins des enseignements qu'allait nous fournir l'exposition universelle pourraient profiter aux cultivateurs de Seine-et-Marne qui s'occupent d'industrie chevaline.

L'étude sur les lieux nous a forcé à reconnaître que les différences de température, d'habitudes et de fortunes s'opposent à ce qu'en France l'agriculteur éleveur suive avec avantage la marche adoptée en Angleterre.

Chez nos voisins d'outre-mer, l'impulsion pour les croisements, donnée par les sommités, est acceptée par tous, sans que pour cela il y ait rien d'exclusif ou d'absolu dans le mode d'élevage : les uns laissent leurs poulains dehors, les autres les tiennent alternativement dehors et dedans; ceux-ci, c'est le plus grand nombre, donnent de l'avoine, ceux-là n'en donnent pas; tel éleveur fait manger l'avoine progressivement au poulain, tel autre la lui donne à discrétion dès sa naissance, et rationne ensuite ses élèves.

Partout l'expérience enseigne à chacun ce qu'il a le plus d'intérêt à faire selon le milieu dans lequel il vit, selon les moyens dont il peut disposer.

Celui qui suit la voie de l'expérience est certain d'arriver un peu plus tôt ou un peu plus tard au but qu'il se propose; celui qui abandonne cette voie pour se lancer à la suite de théories séduisantes dans les innovations court le risque de se ruiner surtout en agriculture et en élevage, où les mêmes causes affectent quelquefois des effets différents, selon les localités où ces causes sont introduites, ou se produisent d'elles-mêmes.

La nature permet à l'homme d'améliorer ses produits, jamais de les changer.

Persuadé qu'il y aurait danger à importer dans le département des méthodes nouvelles qui, en jetant la perturbation dans les habitudes des sages cultivateurs de la Brie, les entraîneraient dans des élevages dispendieux, qui ne produiraient que des déceptions, nous nous contenterons de rapporter ici ce que nous avons vu, ce que nous avons appris, d'indiquer le point où en est arrivée l'industrie chevaline, puis nous conclurons.

§ I.

ESPÈCE CHEVALINE.

EXPOSITION.

Les chevaux présents à Battersea, lieu de l'exposition des animaux et des machines agricoles, étaient au nombre de 272, ainsi classés :

De pur sang..........	12
de chasse............	32
de carrosse..........	12
de route.............	16
d'agriculture........	60
race Suffolk.........	40
de trait.............	11
de Clidesdale........	27
poneys...............	61
percheron (français.)...	1
Total.........	272

Afin de simplifier cette classification, dans l'examen que nous allons faire, nous réduirons ces dix catégories à trois.

Dans la première nous examinerons les chevaux de *pur sang* et les suivrons un peu dans les courses.

Dans la seconde nous placerons tous les chevaux qui se mont en et s'attellent ; nous les appellerons *chevaux à deux fins.*

Dans la troisième nous parlerons des chevaux qui s'attellent seulement. Nous les appellerons *chevaux de trait.*

PREMIÈRE CATÉGORIE.

Chevaux de pur sang.

Au nombre de douze seulement, ces chevaux n'offraient rien de remarquable.

Les meilleurs réunissaient à une bonne conformation assez de distinction.

Quelques-uns avaient les canons grêles, mais presque tous présentaient de fortes articulations.

Plusieurs laissaient beaucoup à désirer.

Pour rendre aux Anglais la justice qui leur est due, il faut les suivre dans leurs efforts constants pour améliorer leurs chevaux.

Originaire d'Orient, amené successivement à la suite des invasions et des croisades sur tous les points du globe, le cheval se naturalisa dans chaque contrée où la nourriture ne lui fit pas défaut.

Dépaysé, privé de ses éléments constitutifs, qui sont aussi bien l'air, le soleil, le souffle du désert que son père et sa mère, le cheval ne tarda pas à perdre ses qualités primitives.

Les Anglais, de tout temps passionnés pour la chasse et les courses, furent les premiers qui eurent recours à la source orientale pour régénérer leurs chevaux.

En 1509, Henri VIII fit venir des juments barbes et des étalons arabes, qui, croisés ensemble, créèrent le cheval de course.

Ces croisements donnèrent d'excellents produits, qui furent élevés avec les soins les mieux entendus.

Encouragés par ces premiers succès, excités par le désir d'augmenter encore la valeur des chevaux obtenus, les Anglais acquirent à petit bruit, partout où ils les rencontrèrent, des étalons et des poulinières leur paraissant posséder des qualités spéciales.

Très-observateurs, très-persévérants, ne reculant devant aucun sacrifice, les Anglais ne tardèrent pas à obtenir un cheval exceptionnel, aussi remarquable par la beauté de ses formes que par sa vitesse.

Peu à peu les Anglais sacrifient le fond à la vitesse qu'ils recherchent avant tout.

Après Henri VIII, Elisabeth, qui régnait en 1559, donna de grands encouragements aux courses; mais s'éloignant chaque jour davantage du principe constitutif du pur sang, jugeant le cheval plutôt d'après ses qualités personnelles que d'après son origine, on donna la préférence exclusivement à la vitesse, qu'elle se rencontrât dans un cheval pur sang, ou dans un cheval de croisement; et ce dernier cas étant fréquent, on en arriva à donner la préférence au cheval composé sur le cheval type arabe.

Le duc de Newcastle et Béranger, écuyers et écrivains, ne craignent pas de refuser au cheval arabe toute supériorité, parce que : « petit, » disent-ils, « il a peu d'apparence, et qu'entraîné il ne peut soutenir la « concurrence avec le cheval composé. »

Un de leurs compatriotes, auteur hippique très-distingué, Lawrence, leur répond avec raison : « Si les chevaux orientaux ne courent pas « eux-mêmes, ce sont cependant eux qui produisent les meilleurs cour- « siers. »

Charles Ier et après lui Jacques Ier revinrent au cheval oriental et régularisèrent les courses.

Cromwell continua leur œuvre.

Les généalogies des chevaux furent dès lors tenues régulièrement et publiées: « elles formèrent, » dit M. Houël, à l'ouvrage duquel nous avons emprunté une partie de ces détails, « les archives ou l'état « civil des chevaux de pur sang. »

Le *Stud-Book* parut en 1791; il n'a pas été interrompu depuis.

Enfin le cheval de course obtenu, les Anglais, croyant pouvoir se suffire à eux-mêmes, abandonnèrent les croisements avec le cheval d'Orient.

Le cheval de pur sang anglais fut pour eux, et est encore aujourd'hui pour beaucoup, le seul type régénérateur; nous ne saurions partager cette opinion.

Il est du plus grand intérêt de chercher si, depuis qu'il s'est éloigné de sa souche, le cheval pur sang anglais a gagné ou perdu.

Nous aurions bien des moyens de comparaison; mais choisissons-en un seul, celui adopté par les Anglais eux-mêmes: les courses que nous enseignent-elles?

Que *Flyng Childer*, par *Darleyn Arabian*, qui vécut de 1715 à 1741, fit une course de 4 milles (6,436 mètres) en 7 minutes et 10 secondes;

Que *Matchem*, qui vécut de 1748 à 1781, courant, à l'âge de six ans, contre *Trajan*, franchit 3 milles 3/4, 93 verstes en 7 minutes et 20 secondes;

Qu'*Eclipse*, qui vécut de 1764 à 1789, à l'âge de six ans, courut à York, portant 12 stones (76 kilog. 164 gr.); il parcourut 4 milles en 8 minutes.

Ces chevaux vivant d'un quart à un tiers de siècle, franchissant avec un poids de 12 stones 4 milles en 8 minutes, ne se sont plus reproduits.

Un seul parut, par exception, dans notre siècle, *Tramby*, qui parcourut 4 milles en 8 minutes en 1826, mais portant seulement 11 stones 3 livres.

En 1776, fut fondé le prix du Saint-Léger, dont les poids et distances, qui n'ont pas varié depuis, sont :

Poids portés : { poulains 8 stones 7 livres (53 kilog. 947 gr.) ; pouliches 8 stones 2 livres (51 kilog. 682 gr.),

Distance à parcourir: 1 mille 3/4 (2,930 mètres).

La vitesse des chevaux qui ont couru ce prix variant seulement de quelques secondes a plutôt diminué qu'augmenté.

De nos jours, des handicaps d'un mille en moyenne remplacent les courses à longues distances qui ne figurent plus dans nos programmes.

Cette substitution a fait naître dans le sein du Turf même de hautes protestations, qui n'ont fait que signaler le mal sans en indiquer le remède.

La vitesse, qui seule aux yeux de quelques-uns aurait dédommagé de la perte du fond, étant, comme on le voit, loin d'avoir progressé, peut-il rester aucun doute sur la dégénérescence du cheval de course ?

IIe CATÉGORIE.

Chevaux à deux fins.

32 chevaux de chasse.
16 — de route.
61 poneys.

109 chevaux sont compris dans cette catégorie.

Les chevaux de chasse et de route, parmi lesquels il s'en trouvait de fort bons, n'offraient cependant rien de remarquable, ni comme cachet ni comme distinction.

Parmi ces chevaux, nous n'avons rien vu qui nous rappelât l'ancien hunter, cheval près de terre, membru, joignant la légèreté à la force :

cheval apte à tous services; le meilleur serviteur qu'à notre avis les Anglais aient obtenu de leurs croisements.

D'après ce qui nous a été dit, les chevaux de chasse et de route actuels seraient les deuxièmes successeurs du hunter.

Pour rendre ce dernier plus léger et surtout plus vite, on l'aurait rapproché davantage du pur sang anglais, et l'on aurait obtenu ces jolis chevaux à têtes carrées et expressives, à encolure longue et mince à l'attache de la tête, à garrot saillant et très en arrière; reins, croupe et queue sur une ligne horizontale; épaules et hanches longues et inclinées; la partie inférieure des membres plus ou moins légère; machines charmantes à l'œil, délicieuses pour les mains habiles, mais dangereuses en d'autres; chevaux ayant tout le feu du pur sang, mais non les tissus résistants, ce qui faisait qu'au premier travail les membres déviaient et se taraient.

Soit par suite de cet inconvénient, soit en raison des dangers de toutes sortes auxquels ces chevaux irritables exposaient la plupart de ceux qui s'en servaient, soit pour tout autre motif, ce modèle a été abandonné; des écuries du gentleman ces jolis chevaux sont passés au service public, où ils rendent d'excellents offices malgré leurs tares, un exercice journalier et forcé calmant leur trop grande ardeur.

Ces chevaux ont eu pour successeurs les chevaux dits de *chasse* et de *route*, que nous avons signalés au commencement de cet article, chevaux conservant si peu de caractères distinctifs que, si on ne connaissait d'avance leur origine, on se demanderait s'ils sont français ou anglais.

Comme monture surtout, ces chevaux laissent autant à désirer sous le rapport des qualités que sous celui de la distinction; les Anglais le reconnaissent tacitement en choisissant de préférence des montures de femmes, de chasses et d'agrément parmi leurs excellents poneys, qui ont conservé dans leur petit modèle la conformation et les qualités du hunter.

Dans la visite que nous avons faite des principales écuries de Londres, nous nous sommes assurés que le cheval irlandais, qui conserve encore ses qualités distinctives, est resté en honneur. Le cheval que monte, sinon exclusivement du moins de préférence, lord Wellington, est un vieux poney dont l'excellente conformation indique une origine irlandaise.

Nous avons examiné avec un grand soin les chevaux de selle que nous avons trouvés dans les écuries de la reine; deux de ces chevaux sont montés de préférence par la souveraine de la Grande-Bretagne.

L'un d'eux, celui de prédilection de la reine, celui qu'elle monte pour les revues et cérémonies, est un vieux cheval arabe, du sang le plus pur; tout chez lui justifie la distinction dont il est honoré.

Le second préféré, le seul que la reine monte pour ses longues promenades et courses, est un cheval irlandais de petite taille, bâti en hunter, et qui, tout petit qu'il est, fait au trot 18 milles à l'heure, nous a-t-on assuré.

Un seul cheval anglais dans notre excursion nous a frappé par sa distinction, sa beauté, son ensemble, l'harmonie de ses formes, le moelleux de ses mouvements; lui seul nous a rappelé l'ancien type anglais; nous avons aussi trouvé ce cheval dans les écuries de la reine: c'était le favori du prince époux, celui que le prince Albert a monté à Paris.

IIIe CATÉGORIE.

Chevaux de trait.

12 carrossiers.
60 chevaux d'agriculture.
40 race Suffolk.
11 chevaux de trait.
27 chevaux du Clydesdale (Écosse).
1 percheron (français).

151 chevaux.

Les carrossiers nous ont paru moins bien que les chevaux des catégories précédentes; s'ils sont supérieurs à nos chevaux par les mouvements, ils ne le sont pas par la conformation.

Dans les écuries de la reine nous avons trouvé deux attelages de huit chevaux chacun; un de chevaux noirs, un de chevaux café au lait; ces derniers forment l'attelage d'apparat.

Il y a dans chaque attelage de magnifiques chevaux; mais ce qui donnerait à penser que les chevaux remarquables sont rares, même en Angleterre, c'est que dans chaque attelage il y a quelques chevaux inférieurs. Tous les carrossiers ont l'encolure bien sortie, de bons membres et de brillants mouvements.

Les chevaux du Suffolk occupent le premier rang parmi les chevaux de la troisième catégorie : tous alezans, d'une conformation identique, ces chevaux étaient aux chevaux de trait ce que les poneys étaient aux chevaux à deux fins, c'est-à-dire ce que l'exposition nous a paru présenter de plus complétement satisfaisant.

Les chevaux du Suffolk sont remarquables par le développement prompt de toutes leurs parties; ils ont les côtes longues et bien contournées, les reins courts, les lignes pures, les membres larges et fortement articulés et les pieds bien faits.

Les chevaux de gros trait n'étaient représentés qu'en partie; les chevaux noirs des brasseurs de Londres manquaient.

A l'exception de quelques étalons ayant encore de bons mouvements, cette race de gros trait ne nous a pas paru valoir la nôtre.

Le développement des formes, l'ampleur de toutes les parties, l'extrême embonpoint de ces chevaux, joint à leur tempérament lymphatique, pourraient les faire désigner sous la dénomination de *Horses durham.*

Ayant sous les yeux un cheval français percheron, amené par un éleveur d'Eure-et-Loir à Londres, nous avons pu faire sur place la comparaison de chacune des parties du cheval percheron avec les parties correspondantes dans le cheval de trait anglais.

Voici les données de cette comparaison :

PERCHERON.	ANGLAIS.
Tête.	
Sèche et expressive.	Longue et plate.
Oreilles.	
Courtes, fines, très-mobiles.	Longues, épaisses et immobiles.
Yeux.	
Grands, ouverts à fleur de tête.	Petits, placés bas et en arrière.
Encolure.	
Montante, rouée, large à sa base, allant en diminuant à son attache à la tête.	Longue, droite, presque auss fournie à l'attache à la tête qu'à la base.
Épaules.	
Bien dessinées.	Longues, mais empâtées.
Poitrine.	
Large.	Profonde.
Garrot.	
Saillant.	Bas et charnu.
Dos.	
Un peu bas.	Droit.
Reins.	
Courts.	Assez longs.
Côtes.	
Bien contournées.	Longues, mais un peu plates.

PERCHERON.	ANGLAIS.
Croupe.	
Double, un peu avalée.	Horizontale, longue et large.
Hanches.	
Courtes.	Longues.
Fesses.	
Peu descendues.	Développées, mais sans forme.

Membres antérieurs.

PERCHERON.	ANGLAIS.
Bien dessinés, bien appuyés.	Empâtés.
Avant-bras et bras.	
Larges, interstices musculaires très-prononcés.	Musculeux, mais arrondis.
Genoux.	
Larges, secs et dans la ligne d'aplomb.	Gros, ronds, quelquefois creux.
Canons.	
Larges, plats, tendons détachés.	Gros, mais empâtés.
Boulets.	
Forts et plats.	Gros et ronds.
Paturons.	
Courts et un peu droit jointés.	Longs et bas jointés.
Pieds.	
Secs et bien faits.	Gras et évasés.
Talons.	
Hauts.	Bas.

PERCHERON.	ANGLAIS.

Membres postérieurs.

Cuisses.

Peu développées, mais bien dessinées.	Fortes, mais sans forme.

Jarrets.

Secs.	Gros, larges, souvent empâtés et prédisposés aux tumeurs molles.

Rayons inférieurs.

Mêmes observations que pour les membres antérieurs.

Robe.

Ordinairement grise.	Noire ou baie.

Mouvements.

Hauts, énergiques et vivement répétés; flexion complète de tous les rayons articulaires, suivie d'une détente semblable à celle d'un ressort; soutien marqué, pose du pied à plat sur le sol, où il frappe et d'où il rebondit comme le marteau sur l'enclume. L'examen du fer ayant servi indique toujours la manière dont le cheval marche.	Lents (1), étendus et près de terre; le genou fléchissant peu, l'extrémité rase le sol lorsqu'elle ne se rencontre pas, et le pied pose successivement de la pince au talon, ce à quoi on doit attribuer que le cheval anglais, comme tous les chevaux ayant peu d'épaule, use le fer principalement en pince.

(1) Se rappeler que la comparaison porte uniquement sur le cheval de trait.

CONCLUSIONS.

L'examen consciencieux que nous venons de faire des diverses catégories de chevaux donne la certitude, ou que les races ont dégénéré, ou que les Anglais n'ont pas envoyé à Battersea ce qu'ils ont de mieux en chevaux.

Nous croyons que l'infériorité que nous avons signalée tient à l'une et à l'autre cause; n'est-il pas surprenant qu'une Exposition universelle à Londres ne puisse compter que 272 chevaux, quand une précédente à Paris en offrait 765, quand une simple Exposition régionale réunissait en 1858 à Alençon 390 chevaux?

La diminution successive du poids et de la distance dans les courses, sans qu'il y ait eu augmentation de vitesse, ne laisse aucun doute sur la dégénérescence du pur sang anglais.

La constitution des chevaux croisés tendant toujours à s'appauvrir, leurs épaules devenant de plus en plus froides, leurs rayons inférieurs de plus en plus grêles, enfin les sujets robustes et bien établis pouvant servir d'étalons améliorateurs de plus en plus rares, aussi bien en Angleterre qu'en France, on est forcé de reconnaître qu'on a fait abus du pur sang, et que trop souvent on a employé comme pères de ces pur sang manqués ou tarés qui n'avaient d'autre mérite que celui d'avoir couru pendant trois minutes et quelques secondes!

Les Anglais sérieux voient parfaitement le mal, et s'ils hésitent encore à y remédier par le retour au principe constitutif, c'est uniquement parce qu'ils craignent que le cheval arabe ne soit lui-même dégénéré.

Pour cheval de service, celui qui, bien préparé, monté par un jockey plus habile qu'un autre, *peut-être sous tous les rapports*, court pendant quelques minutes un peu plus vite que ses concurrents, n'est pas toujours le préférable.

Nous reconnaîtrons forcément plus tard, si nous ne le reconnaissons pas encore, qu'ayant voulu améliorer nos premières races de chevaux au moyen de leur croisement avec le pur sang anglais, nous n'avons fait que substituer un peu de tournure anglaise et un peu de vitesse à des qualités beaucoup plus essentielles.

Qui hésiterait à faire son choix entre le cheval enlevé, irritable, épuisant ses forces en quelques minutes, exigeant les soins les plus minutieux, et le cheval calme, bien constitué, vainquant la résistance par le seul poids de son corps qu'il abandonne dans le collier, ayant de bonnes épaules, le pied sûr, et se refaisant promptement au retour du travail, de manière à pouvoir recommencer le lendemain?

Il est parfaitement reconnu, la guerre de Crimée en a fourni bien des preuves, que le cheval naturel résiste beaucoup mieux aux dures fatigues de la guerre que le cheval croisé; ce dernier va plus vite en commençant; le premier va plus longtemps et plus loin.

Conservons donc autant que nous le pourrons nos précieuses races de chevaux qui n'ont pas encore été atteintes par l'anglomanie; et pour la culture de nos fortes terres surtout, continuons à garnir nos écuries de bons percherons, de forts, robustes et sobres bretons, et de solides ardennais.

Devant être ici le défenseur des intérêts des cultivateurs avant d'être le propagateur de l'élevage, nous ne saurions conseiller à nos compatriotes de se livrer en grand à l'élevage du cheval; les hommes ni le terrain ne sont préparés pour cela.

En Brie, les prairies, peu abondantes, manquent de clôtures; les loyers, les fourrages et la main-d'œuvre sont trop chers; les changements de température trop subits, les travaux par moments, trop durs pour qu'un cultivateur puisse avoir beaucoup d'animaux lui coûtant sans produire, ou faire travailler sans danger des juments pleines.

Laissons le soin de faire naître et d'élever jusqu'au moment du travail à la Normandie, au Perche, pays préservés des grans froids comme des grandes chaleurs, où le sol bas et humide est, comme en Angleterre, fertilisé par une brume presque permanente; à la Bretagne, qui est à peu près dans la même situation; aux marais de Rochefort, qui, pour la plupart, sont de riches prairies dont l'herbe saturée par le brouillard de la mer est appétissante et tonique. Les marais de Rochefort produisent d'excellents chevaux, dont le seul défaut est une prédisposition à la nostalgie.

Il est cependant une partie de l'industrie chevaline à laquelle les cultivateurs de Brie les plus riches, les mieux placés, ceux ayant à leur disposition un personnel suffisant, pourraient peut-être se livrer avec avantage.

Ces cultivateurs pourraient faire ce que font presque tous les bons fermiers du Calvados, acheter aux foires où on les réunit des *antenais,* poulains de trente mois, les faire peu à peu au travail, puis les vendre avec bénéfice à l'âge de quatre ans et demi ou cinq ans; la proximité de la capitale donnerait sans doute pour ce genre d'industrie un avantage aux Briards sur la Normandie; la plus grande difficulté serait de se procurer des charretiers assez hommes de cheval pour dresser ces poulains sans les rebuter, tarer ou ruiner.

Le choix des poulains à élever est aussi chose assez difficile, plus difficile que celui du cheval fait.

Dans le poulain il y a des parties qui peuvent gagner, mais d'autres qui ne peuvent que perdre, tels que les yeux, la poitrine, les épaules et les pieds, bien rarement ces parties vont en s'améliorant avec le temps et le travail.

A notre avis les qualités à rechercher dans un cheval de service doivent être classées dans l'ordre suivant d'après leur importance :

Franchise au travail ;
Reins courts et droits ;
Bons pieds, talons hauts et larges ;
Poitrine ample et fonctionnant bien ;
Organes digestifs fortement constitués ;
Action proportionnée à la résistance des tissus ;
Sobriété et rusticité ;
Côtes, épaules et hanches longues, ces deux dernières inclinées ;
Rayons inférieurs courts.

Un cheval réunissant ces qualités, lors même qu'il laisserait un peu à désirer dans ses aplombs ou proportions, ou présenterait quelques tares non préjudiciables à la durée ni aux mouvements, n'en doit pas moins faire un bon cheval, sur lequel il est permis de compter pour tous services et en toutes circonstances.

Le Rapporteur,

DE POINTE DE GÉVIGNY.

§ II.

ESPÈCES BOVINE, OVINE ET PORCINE.

Si l'espèce chevaline n'a pas répondu complétement aux espérances que nous avions conçues, l'espèce bovine et principalement les espèces ovine et porcine nous ont offert de nombreux sujets d'élite et un ensemble remarquable.

Quoique moins considérable par le nombre total d'animaux exposés que les concours de 1856 et de 1860, dont tout le monde a pu admirer au palais des Champs-Élysées la magnifique ordonnance (1), l'exposition anglaise de 1862 n'offrait pas un moindre intérêt. Nous avons pu nous convaincre à Battersea et dans les exploitations qu'il nous a été donné de visiter que si, comme culture proprement dite, nos bons agriculteurs font aussi bien et quelquefois mieux que les Anglais, comme éleveurs ceux-ci sont nos maîtres.

Il faut savoir le reconnaître sans dépit, et bien loin d'en concevoir aucun sentiment de jalousie, redoubler d'efforts pour les égaler.

On rapporte que le Corrége se sentit pris d'une noble émulation à

(1) On se rappelle que le concours de 1856 était universel, et que presque toutes les nations de l'Europe avaient tenu à y figurer. Le concours de 1860 était général et national, c'est-à-dire français uniquement et ne comprenait que des animaux nés et élevés en France. Le total des animaux inscrits en 1856 était de 2,201, celui de 1860 de 3,029, chevaux compris, tandis que ce même total à Battersea n'était que de 1,986. Nous laissons de côté les espèces caprine, galline etc., qui n'avaient pas été admises à l'exposition anglaise. On voit donc que c'est bien à tort qu'on a généralement dit et écrit que jamais on n'avait vu une aussi nombreuse réunion d'animaux exposés qu'à Battersea.

la vue d'un tableau de Raphaël et que dans son admiration il s'écria : « Et moi aussi, je suis peintre. » En présence de la supériorité de nos voisins, piquons-nous, comme ce grand artiste, d'une généreuse ardeur et montrons-leur un jour que notre département, si bien partagé d'ailleurs à Battersea (1), a su se mettre au même niveau qu'eux, non-seulement pour la culture proprement dite, mais encore pour l'élevage.

PREMIÈRE PARTIE.

Espèce bovine.

On comptait à Battersea 682 têtes de gros bétail anglais, 107 têtes de bétail étranger, au total 789, savoir :

Pour le bétail anglais,

250 durhâm ou courtes cornes.
96 heréfords.
66 devons.
68 ayrshire.

Le surplus se répartissait entre les races de Sussex, longues cornes,

---

(1) Voici le détail des récompenses obtenues à Londres par les éleveurs de Seine-et-Marne.

M. Giot, de Chevry-Cossigny, un premier prix pour un taureau normand et un premier prix pour une vache de même race ; un deuxième prix pour un taureau breton et un deuxième pour une vache de même race ; deux premiers prix pour un taureau et une vache qualifiés de race française ; un premier prix pour une vache hollandaise ; un premier prix pour un bélier de la race soyeuse Mauchamp ; un premier et un deuxième prix pour deux béliers mérinos croisés ; ensemble 10 prix.

M. Eluard, de Vert-Saint-Denis, un premier prix pour une garonnaise ; un troi-

Suffolk, Norfolk, pays de Galles, Irlande, Alderney, Guernesey, Angus, Galloway (1).

Le bétail étranger comprenait des sussex, bretons, normands, hollandais, charollais, pyrénéens.

En 1856, on comptait à Paris 1,303 têtes, y compris 36 hors concours exposées par S. M. l'Empereur et les établissements de l'État, près de moitié plus qu'à Battersea.

La classification française comprenait deux sections : la première, divisée en plusieurs catégories, renfermait tous les animaux mâles et femelles de race étrangère, nés et élevés à l'étranger, amenés ou importés en France et formait un total de 826 têtes ; la deuxième, divisée également en plusieurs catégories, se composait de tous les animaux de races étrangères ou françaises, mâles et femelles, nés et élevés en France et présentait un chiffre de 477 têtes.

En 1860, l'espèce bovine, comprenant uniquement les animaux

---

sième prix pour un normand ; un deuxième prix pour une normande ; un premier et un troisième prix pour deux taureaux des Pyrénées ; un troisième prix pour une bretonne ; un deuxième prix pour un verrat de race française : ensemble sept prix.

M. Garnot, de Genouilly, un deuxième prix et une mention honorable pour deux béliers mérinos ; un deuxième prix et une mention honorable pour deux lots de brebis mérinos ; ensemble quatre nominations.

Au total, pour Seine-et-Marne, vingt et une nominations sur soixante-treize récompenses données aux exposants étrangers, c'est-à-dire près du tiers.

Ajoutons que pour les produits agricoles exposés au palais de Kensington, Seine-et-Marne a obtenu une mention honorable pour l'ensemble de son exposition, une médaille pour son exposition de miel, et que M. Garnot, de Genouilly a obtenu également une médaille pour la finesse et la bonté de ses laines.

On ne pouvait avoir un succès plus complet.

(1) Le catalogue anglais ne comprenait aucune classe pour les *sous-races*. Les animaux qui n'appartenaient pas à une race fixe étaient classés parmi ce que nous appellerons les bêtes innommées. Cette manière de procéder est rationnelle. La *race* est la variété de *l'espèce*, mais à la condition qu'elle est *devenue constante*. Tant que la variété n'a pas acquis un caractère suffisant de stabilité, elle n'est pas une véritable race. C'est un produit sans fixité et que dès lors on ne peut classer sous une dénomination définitive.

de toutes races nés et élevés en France, s'élevait au chiffre de 1,475 (1).

La race durham ou courtes cornes, si connue aujourd'hui, figurait au premier rang de l'espèce bovine. Très-bonne pour la boucherie, notamment à cause de sa précocité, elle continue à jouer en Angleterre le principal rôle comme type améliorateur. On sait que sur 100 kilog. de poids vif, le durham donne en moyenne 68 kilog. de poids net, tandis que l'angus donne 67 et notre bœuf ordinaire de 60 à 61 kilog. De plus, chez le durham, les morceaux de première qualité sont, toute proportion gardée, supérieurs de beaucoup en poids à ceux des autres races. Reste la question de savoir si la viande des races très-précoces est aussi nutritive que celle des races qui le sont moins ; cette question est encore douteuse ; mais il est cependant plus généralement admis que la chair de l'animal très-précoce est moins alibile que celle d'un animal fait moins rapidement. Quoi qu'il en soit, il nous a paru qu'à Battersea les durhams manquaient un peu d'homogénéité, et qu'en 1856, autant que des souvenirs déjà éloignés peuvent servir de base, ils présentaient un ensemble au moins aussi satisfaisant sous le rapport de la régularité du type.

Beaucoup d'Anglais prétendent, et des agriculteurs français fort sérieux sont également de cet avis, que la vache durham est bonne laitière, ce qui compléterait les qualités de cette race.

Dans les environs de Londres, cette immense ville où il se fait une énorme consommation de lait, il est de fait qu'on voit, même dans les étables de ceux que nous appelons à Paris des nourrisseurs, une assez notable quantité de ces vaches ; mais il est bon d'ajouter qu'une partie d'entre elles provient de croisements.

Cependant la précocité, l'aptitude à prendre la graisse, la conformation du durham, dont nous avons vu un grand nombre en dehors du champ du concours, nous ont confirmé dans l'opinion beaucoup plus généralement admise que cette race n'est pas laitière. Et nous sommes

(1) Nous devons avertir que nous donnons les chiffres des animaux inscrits aux catalogues. Ces chiffres ne représentent pas l'effectif des animaux réellement exposés. Mais comme les manquants existaient en 1856, 1860 et 1862 dans une proportion à peu près égale, il en résulte que le résultat final est à peu de chose près exact, les bases prises était les mêmes pour ces trois expositions.

en cela d'accord avec la pratique de tous les jours, qui enseigne par la loi du balancement des forces que quand on développe beaucoup une aptitude, on en diminue généralement une autre. Lorsque l'on pousse au développement musculaire on diminue la sécrétion du lait; c'est la règle, le contraire est l'exception.

Ce qui peut donner lieu à l'opinion favorable à la lactation du durham, soutenue d'ailleurs par des hommes de très bonne foi et qui invoquent des faits dont l'exactitude ne saurait être mise en doute, c'est que certaines familles de durhams sont en effet très-bonnes laitières. Mais encore une fois l'exception n'est pas la règle. C'est même parce que ces familles sont très-rares et que quelque-unes, achetées par des Américains, avaient disparu du pays, qu'on est allé chercher de leurs descendants en Amérique et qu'on les a payés fort cher.

Ajoutons qu'une vache durham, laitière en Angleterre, où tout concourt pour favoriser une abondante sécrétion du lait, pourrait fort bien ne plus l'être dans notre département, moins favorisé sous ce rapport que cette contrée où d'excellentes prairies naturelles constituent la première et la principale richesse de l'agriculture.

Quoi qu'il en soit, nous pensons qu'on pourrait tirer chez nous un bon parti du taureau durham.

En effet, le petit nombre de nos cultiviteurs qui élèvent ne songent à autre chose qu'à remplacer par des génisses de leur cru les vaches qu'ils veulent réformer. Aucun d'eux ne se livre à l'élevage pour vendre au dehors. Les veaux sont donc à peu près tous destinés à la boucherie. Lorsqu'on veut élever, il faut évidemment choisir avec soin un animal reproducteur provenant d'une famille bonne laitière, car le laitage est, et sera longtemps encore, espérons-le, malgré la difficulté de la main-d'œuvre, une des branches principales de notre industrie agricole. Mais lorsqu'il s'agit uniquement de faire des veaux, il nous semble qu'il serait de beaucoup préférable d'avoir pour reproducteurs mâles des bêtes de boucherie, comme le durham, plutôt que des taureaux d'origine normande, d'une pureté suspecte et la plupart du temps d'une conformation médiocre. On arriverait ainsi mieux et plus vite au but qu'on veut atteindre, c'est-à-dire précocité et graisse ; quant à la branche, nous devons dire que généralement le produit du durham vient au monde plus petit que nos veaux ordinaires; mais nous croyons qu'au bout de six semaines ou deux mois il aurait rattrapé les nôtres, avec plus de chair et de moins gros os.

Après le durham venait le hereford. Cette race, également fort belle, d'une excellente conformation, d'un engraissement facile, mais moins précoce que le durham, réunit toutes les qualités voulues comme bête de boucherie. Fort appréciée en Angleterre, où quelques-uns prétendent que sa chair est meilleure que celle du durham, le hereford pourrait encore remplir chez nous le but que nous venons d'indiquer.

Peu producteur d'un lait qu'on dit très-butireux, le devon, de plus petite taille que le hereford, est aussi un animal de boucherie. Admirablement conformé, à physionomie expressive, on le dit propre au travail. Il est probable qu'en Angleterre, où l'on n'emploie guère à la culture que les chevaux, on en exige peu sous ce rapport. En France, nos races de travail sont infiniment supérieures et, à ce point de vue, nous n'avons rien à prendre ni à apprendre chez nos voisins. Cependant quelques essais tentés en France avec le devon auraient, prétend-on, parfaitement réussi.

Le devon est le southdown de l'Angleterre, comme le durham en est le leicester et le clydesdale.

Nous croyons que le durham a dû contribuer, avec discrétion sans doute, à perfectionner le hereford et, ce qui est plus douteux, le devon.

La race écossaise d'angus, au pelage noir, si fort remarquée à Paris en 1856, et qui a eu cette année les honneurs du concours international de Poissy (1), paraît être de plus en plus appréciée et gagner chaque jour du terrain. Comme on le sait, elle n'a pas de cornes, appendice auquel quelques personnes attachent peut-être aujourd'hui trop d'importance, car les cornes n'empêchent pas les qualités de la race, témoin le durham, le hereford, le long-horns, et, quant à la question de sécurité, nous pensons qu'on va également beaucoup au delà du

(1) Le bœuf angus qui a eu les honneurs du concours à Poissy en 1862 pesait 1,250 kilogrammes.

vrai (1). Ajoutons qu'il est douteux que la suppression des cornes profite aux autres parties de l'animal, car il est remarquable que le front, chez l'angus, est beaucoup plus bombé que chez le durham ; il semble que la matière qui doit former les cornes se reporte sur le front. Il est d'ailleurs peu probable que la partie des aliments qui sert à produire les cornes ou le poil puisse servir également à produire la fibre musculaire. Toujours est-il que l'angus réunit des qualités fort remarquables comme bête de boucherie et donne une viande de très-bonne qualité avec moins de gras que le durham. Comme celui-ci, il pourrait nous être également très-utile pour la production des veaux.

Les autres races qui rentraient plus spécialement dans la catégorie des bêtes de boucherie nous ont paru inférieures à celles que nous venons de citer. Elles n'offrent d'ailleurs aucun intérêt pour notre département. Nous croyons donc inutile d'en parler davantage et nous arrivons aux races considérées comme étant plus spécialement laitières.

Elles sont au nombre de deux : la race d'Ayr et celles des îles de la Manche, dont le type le plus apprécié est la vache dite d'Alderney, qui vient de l'île de Jersey. Les autres races de cette catégorie ne nous ont pas paru présenter assez d'intérêt pour en parler.

La vache d'Ayr est bonne laitière, mais elle donne plutôt la quantité que la qualité. Plusieurs agriculteurs prétendent que son lait est peu butyreux. Généralement bien conformée, d'une bonne constitution, mais de taille médiocre, elle engraisse facilement. Offrant des avantages pour quelques contrées de la France, elle ne peut nous convenir et est inférieure pour nous à la normande et à la flamande, d'une plus forte branche et d'un rendement supérieur en lait. Elle ne saurait donc être substituée à ces excellentes races qui réussissent parfaitement dans la Brie, la normande surtout.

La race laitière par excellence en Angleterre, celle qu'on trouve chez tous les gens riches à cause de la bonté de son lait et celle qui réunit le plus les qualités laitières qu'on se plaît à signaler chez les meilleurs types, c'est une vache d'origine française, c'est l'alderney.

---

(1) On a dit qu'en 1856 le seul animal qui avait été fatal à son gardien, qu'il aurait écrasé par esprit de vengeance, était précisément un taureau angus.

Peau fine, jambes minces, hanches un peu saillantes, croupe pointue, pis bien placé et bien développé, bonne physionomie, de taille un peu au-dessous de la moyenne, la vache d'Alderney mérite de fixer l'attention des connaisseurs. Néanmoins nous n'engageons pas nos cultivateurs à en monter leurs étables, parce que, trop petite de branche, nous doutons qu'avec notre nourriture elle conserve toute sa finesse.

A l'exception des vaches suisses, qui étaient fort belles, mais, non plus que les taureaux, ne sauraient donner lieu à aucune observation nouvelle, l'espèce bovine étrangère se composait d'un si petit nombre de sujets pour celles des races qui étaient représentées, qu'il était difficile de pouvoir établir des comparaisons et de juger. Nous ne pouvons donc que constater les succès de nos éleveurs, les féliciter au nom du département, et constater que leurs animaux, très-dignes de figurer au concours de Battersea, méritaient les récompenses qu'ils ont obtenues.

IIe PARTIE.

Espèce ovine.

L'espèce ovine formait la partie la plus remarquable de l'exposition de Battersea.

Elle était représentée par un total de 712 lots, tant mâles que femelles, dont 641 lots pour l'Angleterre et 71 pour l'étranger.

En 1856, on comptait 728 lots, y compris 37 lots hors concours provenant des bergeries de l'Empereur ou de l'État, et en 1860, 548 lots. La division adoptée en 1856 pour les bêtes bovines l'a été également pour l'espèce ovine. La première division comprenait 447 lots, la seconde 281.

Le contingent purement anglais a donc été plus considérable à Londres en 1862 que le contingent français en 1856 et 1860.

Si nous laissons de côté, comme n'offrant aucun intérêt utile pour nous, les races qui peuplent les parties les plus montagneuses de la Grande-Bretagne, telles que les blackfaced, race à demi sauvage dont tous ceux qui l'ont vue en 1856 ont conservé le souvenir, nous trouvons que les races ovines de l'Angleterre comprennent deux types distincts, les leicester et les southdown et que les autres rentrent dans celles-là.

Aux leicester ou dishley se rattachent les lincoln, les costwold, les new-kent; aux southdown les shropshire, les hampshire, les oxfordshire, les dorset.

Tout ce qui concerne les leicester et les southdown a été dit et, comme ces animaux eux-mêmes, est connu de tous les agriculteurs; il est donc inutile d'entrer dans des détails qui ne seraient qu'une inutile répétition. Mais il importe essentiellement de faire remarquer qu'un assez grand nombre d'agriculteurs en Angleterre observent que la race dishley perd de plus en plus en vigueur pour croître en exigence; qu'elle est moins prolifique, moins laitière et que les agneaux sont nécessairement moins robustes. On est donc obligé de croiser avec des animaux de races moins perfectionnées mais plus rustiques. Ces conséquences paraissent également commencer à se faire sentir parmi les troupeaux de southdown très-perfectionnés, et peut-être doit-on la création des oxfordshire et hampshire, dont nous allons parler, à cette nécessité reconnue par les bons éleveurs de renouveler et de modifier le sang des dishley et des southdown, qui sont admirables sans doute au point de vue des services qu'ils rendent comme machines de produit, mais qui, au point de vue physiologique, sont de véritables anomalies.

On sait que les Anglais se préoccupent surtout de la viande et que, leur climat étant d'ailleurs impropre à la production de la laine fine, ils laissent à leurs immenses colonies le soin de les approvisionner de cette précieuse matière première. Cependant nous devons dire qu'il existe deux troupeaux de mérinos dans l'est de l'Angleterre, là où le climat se rapproche le plus du nôtre. Ces troupeaux, à laine plus moyenne que fine, dit M. Bella dans son rapport sur l'exposition de Londres, et qui n'ont d'autre but que de fournir des béliers aux colonies de cette nation, se recommandent par la rusticité qu'ils ont acquise en repoussant toute stabulation. Ce moyen mérite d'être signalé à nos producteurs de béliers, parce qu'il a en effet une grande importance pour les colons. — Il est bon d'ajouter que la race lincoln, dont la laine longue et brillante permet de fabriquer des étoffes qui rappellent celles d'alpaca, a pris de l'importance depuis que la demande de ce genre de tissus n'a cessé d'augmenter. En réalité, les Anglais ne négligent rien de ce qui est possible avec profit. Comme éleveurs de races à viande, on doit reconnaître qu'ils ont atteint la perfection et que leur plus grande préoccupation doit être de conserver ces types admirables qui semblent sortir en quelque sorte d'un moule façonné par l'homme.

Ce que nous devons signaler particulièrement à ceux des cultivateurs qui n'ont pu se rendre en Angleterre, c'est la magnifique collection de shropshire et de hampshire que renfermait l'exposition et qui attiraient l'attention de tous les connaisseurs. Ces animaux, d'une conformation parfaite, d'une plus forte branche que les southdown, produits de croisements successifs avec ceux-ci et les dishley et costwold, mais chez lesquels domine le sang southdown, paraissent réunir un bon tempérament à toutes les conditions d'une excellente race à viande. Poitrine ample et profonde, reins droits et larges, gigots développés, corps cylindrique, tout se trouve réuni, comme chez le dishley, mais avec l'apparence d'une nature plus vigoureuse, de chairs plus fermes, d'un sang moins lymphatique. Le seul reproche qu'on peut leur adresser, c'est d'avoir le flanc un peu retroussé, les reins un peu longs et d'être vraisemblablement de grands mangeurs. Leur tête a moins d'élégance que celle des southdown et ils sont plus hauts sur jambes. Le noir est plus foncé à la tête et aux pattes.

Hautement recommandés par le jury, ces deux races, les shropshire surtout, méritaient la mention spéciale dont ils ont été l'objet. Déjà, au dernier concours de Poissy, ils avaient été très-remarqués, et nous pensons que leur réputation ne fera que grandir.

Nous croyons pouvoir conseiller à ceux qui seraient tentés d'essayer des races à viande de se procurer de ces beaux animaux.

Nous estimons, du reste, qu'en tant que races à viande, les southdown et leurs analogues, les shropshire et les hampshire, sont préférables dans notre département, dont le climat est un peu rude et la nourriture chargée de principes calcaires, aux races lymphatiques à laine longue, comme le dishley.

Mais en nous exprimant ainsi, nous n'entendons en rien sacrifier ce que les commissions précédentes n'ont cessé de reconnaître, c'est-à-dire les avantages que présentent nos races de mérinos à laine intermédiaire, et nous répéterons qu'elles offrent encore les résultats les plus certains, surtout si on tient la main aux améliorations qu'elles réclament dans la plupart de nos bergeries.

L'exposition de Battersea a offert de nouveau la preuve que les bons éleveurs peuvent obtenir du mérinos la perfection des formes, la précocité et des laines intermédiaires d'une excellente qualité. M. Garnot, de Genouilly, en tête, MM. Lefebvre de Sainte-Escobille, Noblet, Arsène Gatineau, René Godin et Giot ont aussi contribué à soutenir la réputation du mérinos français pur ou croisé, la seule race qui pouvait faire fortune chez les Anglais, à cause de leurs colonies. Nous n'avons rien de particulier à signaler au sujet de ces animaux, dont le type est parfaitement connu dans notre département. Nous demandons seulement la permission de rappeler ici avec une certaine satisfaction que la commission impériale de Londres aboutit exactement aux conclusions qu'en 1855, 1856 et 1860 avait adoptées la commission départementale de Seine-et-Marne. « Les laines mérinos de moyenne finesse, longues, nerveuses et lustrées, qui ont déjà établi leur réputation sous le nom de *mérinos français*, dit le rapporteur du jury international, semblent devoir former de plus en plus la spécialité de la France ; ce sont celles qui sont le mieux appropriées à ses conditions culturales, celles pour lesquelles elle a à craindre le moins de concurrents, celles, par conséquent, qui doivent nous donner le plus de profits. Sans doute, il est bien difficile de généraliser ces principes pour les appliquer à un pays aussi vaste que la France et à des circonstances de température aussi variables. Cependant, on peut dire qu'à part le littoral nord-ouest, comprenant la Flandre, la Picardie, la Normandie et la Bretagne, dont le climat, humide en été et peu froid en hiver, est peut-être plus favorable à des laines analogues à celles de 'Angleterre, la majeure partie de la France est mieux placée que tout autre pays pour la production des laines mérinos moyennes, longues, nerveuses, lustrées. Aucune autre contrée ne jouit d'un climat aussi empéré, ni trop chaud, ni trop froid, ni trop sec, ni trop humide, et ce climat tempéré se prête admirablement à la production de cette laine moyenne. » Il faut donc applaudir de nouveau aux efforts de ceux de nos éleveurs qui n'ont pas cessé de perfectionner leurs troupeaux pour fournir des reproducteurs non-seulement dans notre département, mais dans le monde entier et qui n'ont pas amené leur pavillon devant cette fièvre d'anglomanie (1) dont le paroxysme est heureusement passé et qui se calme à mesure qu'on voit davantage et plus juste. Ajoutons qu'aujourd'hui mieux que jamais on obtient la précocité et la perfection des formes tout aussi bien avec nos mérinos qu'avec des races communes et sans plus de frais. Il s'agissait là principalement d'une question de sélection.

On remarquait encore quelques lots de mérinos saxons et espagnols dont, à vrai dire, la seule qualité est la grande finesse de la laine. Nous avons abandonné avec raison le mouton à laine très-fine, et moins que jamais nous sommes disposés à le reprendre. Il est donc inutile d'en parler davantage.

Enfin nous devons signaler une nouvelle race de moutons, dont on parlait beaucoup à Londres et à laquelle on donne le nom de Ong-ti. Originaire des monts In-Chin, dans les provinces de la Tartarie chinoise, elle existe en grande quantité dans le Pei-ho. Son principal mérite serait de faire deux portées par an de chacune trois à quatre agneaux. Sa viande vaudrait celle du leicester et serait même préférable dans des pâturages plus favorables que dans leur pays d'origine. Sa laine blanche, lisse, assez commune, ressemble plutôt à du poil de chèvre qu'à la laine de nos moutons; la mèche est frisée comme celle de la chèvre angora et de loin a le même aspect. Chaque bête dépouillerait environ quatre kilos de laine.

Les Anglais, qui ne négligent rien de ce qui peut être utile, ont compris qu'une pareille race méritait qu'on s'en occupât et un troupeau entier, qu'un navire, parti de Sidney en mars dernier, est allé chercher

(1) Avons-nous besoin de faire remarquer qu'en parlant d'anglomanie nous n'entendons pas critiquer les Anglais, dont nous admirons les travaux et dont on ne saurait trop étudier les méthodes, mais seulement cette manie de beaucoup de Français qui veulent faire identiquement en France ce qu'on fait en Angleterre, élever dans notre climat des animaux créés et mis au monde pour un climat tout différent, en un mot, agir sans un suffisant esprit de discernement?

en Chine, doit être maintenant rendu en Australie. Quelques sujets ont été importés en Angleterre et deux agneaux ont été offerts par M. Bush à madame Cloquet pour le jardin d'acclimatation, où ils sont actuellement. De taille moyenne, assez hauts sur jambes, n'ayant que des rudiments d'oreilles, la face busquée, la queue grosse et courte, les animaux de cette race paraissent doux et peuvent prospérer, assure-t-on, dans des terrains secs et pauvres. Si leur vertu prolifique se maintient dans des pays différents du leur, ce qu'il est bien difficile d'affirmer, les moutons de cette race devront fixer au plus haut point l'attention de nos cultivateurs. Quant à présent, nous devons nous borner à ce simple exposé et attendre le résultat de tentatives auxquelles, quoi qu'il arrive, on ne peut qu'applaudir (1)

IIe PARTIE.

Espèce porcine.

Si l'espèce ovine était admirablement représentée à Battersea, l'espèce porcine ne l'était guère moins bien.

193 lots, mâles et femelles, attestaient par leur présence à quel point

---

(1) Nous croyons devoir transcrire ici une lettre datée du 22 décembre 1862 et adressée à la société d'acclimatation par M. Drouyn de Lhuys.

« M. le ministre de la marine et des colonies, auquel j'avais demandé de « vouloir bien autoriser le transport gratuit, par bâtiments de l'État, d'une cen- « taine de moutons chinois, dits *Ong-ti*, que la société d'acclimatation aurait l'in- « tention de faire venir de Chine en France, m'écrit qu'il vient, par le courrier « du 19, d'inviter M. le contre-amiral commandant en chef la division navale des « mers de Chine à faire embarquer les animaux dont il s'agit, soit sur le premier « bâtiment qui rentrerait directement en France, soit sur un de ceux de sa division « qu'il aurait à diriger sur Saïgon, d'où ils seraient ensuite amenés à Suez par l'un « des transports de la marine impériale affectés au service de la correspondance « entre ces deux points.

« Je suis heureux de pouvoir vous annoncer ce résultat, etc. »

l'homme peut, par ses efforts. perfectionner un animal pour le but qu'il se propose. Un seul verrat exposé par M. Eluard, de Vert-Saint-Denis, formait le contingent étranger.

A l'exposition de 1856, 170 lots seulement représentaient l'espèce porcine pour la France et l'étranger, mais en 1860 nous en comptions 241 lots.

Les Anglais attachent une très-grande importance à l'élève du cochon (1), qu'ils regardent avec raison comme un animal d'un très-grand profit, quand on sait s'y prendre, et d'une immense ressource au point de vue de l'énorme consommation de viande qui se fait dans le pays.

Il est certain qu'il n'y a pas d'animal domestique qui produise la viande aussi économiquement par la facilité avec laquelle on lui fait absorber une foule d'aliments inférieurs et par sa faculté d'assimilation. « Il résulte, a dit M. Barral dans le *Journal d'Agriculture pra-* « *tique*, des chiffres cités dans un remarquable travail de MM. Lawes « et Gilbert sur l'engraissement, que 1 kilogramme de bœuf se fa- « brique avec 12 ou 13 kilogrammes de substance sèche; 1 kilo- « gramme de mouton est obtenu avec 9 kilogrammes d'aliments supposés « secs; et 1 kilogramme de porc, la plus admirable machine d'assimilation « que nous possédions, avec 4 ou 5 kilogrammes seulement de ma- « tières supposées desséchées. Ainsi la viande du porc est de beaucoup

---

(1) Il n'est pas rare de voir dans des exploitations de 150 hectares quelquefois 600 et 800 porcs.

Dans une lettre qu'adressait récemment à M. le vicomte de Valmer un fermier du comté de Surrey, ce dernier lui disait : « Mes cochons sont de plusieurs va- « riétés : des suffolk, des berkshire et des sussex. Un premier croisement de « berkshire avec le sussex m'a donné d'excellents résultats. La quantité que j'élève « ou engraisse varie suivant les saisons : à Noël, j'en avais à peu près 600 ; leur « valeur était de 75,000 francs (125 francs l'un); à la Saint-Jean, je n'en avais plus « que 200, valant 25,000 francs; nous les achetons de 7 ou 8 mois pour les revendre « à 10 ou 12. Ils nous coûtent de 50 à 60 francs, nous les revendons de 125 à « 150 francs. Nous les nourrissons de grains de maïs, de pois, de lentilles, etc., « mêlés ensemble, moulus et délayés avec de l'eau. »

L'une des notabilités agricoles de la Grande-Bretagne nous a déclaré que l'un des plus beaux produits de son exploitation était les cochons.

« la plus économique à produire. » Ajoutons que le porc est l'animal le plus à portée des petites bourses et des petites ressources (1).

A dire vrai, il n'existe qu'une seule race en Angleterre offrant pour variétés la grande et la petite taille, le blanc, le noir ou le bigarré de blanc et de noir. Quelles que soient la taille ou la couleur, on rencontre toujours le même type, la même conformation générale : jambes fines et courtes, formes cylindriques, oreilles droites, cou très-court, dans lequel s'enfonce une petite tête, groin pointu, soies rares, surtout chez les races blanches, en un mot une masse ou plutôt une boule de chair et de graisse, tel est le cochon anglais.

Ce que nous prétendons est si fondé que les seules divisions adoptées dans le catalogue anglais sont celles faites entre la taille et la couleur. Il est vrai que les berkshire formaient une catégorie à part et paraissaient avoir été considérés comme une race distincte ; nous avouons qu'il nous est difficile d'admettre que le sang qui a formé les autres races, qu'il soit napolitain ou oriental, ne coule par également dans les veines du berkshire.

Mais sans insister davantage sur ce point, si nous pensons que le mieux pour nous est, quant à présent, de nous en tenir aux vaches normandes et flamandes et à nos moutons mérinos ; nous estimons que le cochon anglais est supérieur à nos races, et que tout au moins on ne peut que gagner en les croisant avec lui. « On doit d'autant

---

(1) Dans une partie du département, les cultivateurs n'engraissent que les porcs dont ils ont besoin pour leur consommation ; très-peu engraissent pour vendre. Les petits particuliers presque seuls engraissent des porcs qu'ils achètent jeunes à des marchands qui vont de marché en marché. Un très-bon charcutier du canton de Rosoy, M. Noël, nous disait que sur 250 porcs, en moyenne, qu'il tuait dans l'année, il avait grand'peine à en trouver une vingtaine dans les fermes. Tous les autres lui étaient vendus par de petits particuliers. Il est regrettable que la plus grande partie de nos cultivateurs négligent ainsi une excellente source de profit. Il faut s'en prendre, il est vrai, à la difficulté de la main-d'œuvre, principale cause de la diminution des basses cours dans la plupart des fermes ; mais il est non moins vrai que si l'élevage du porc devient souvent impossible dans beaucoup de fermes, lorsqu'il n'a lieu que sur une petite échelle, il n'en est plus de même s'il est exercé en grand, parce qu'alors il faut une main-d'œuvre spéciale comme pour un troupeau et, dans ce cas, on trouvera toujours des hommes pour l'accomplir,

« moins hésiter, disait très-bien M. de Colombel dans son rapport de « 1860, devant l'adoption de races exotiques supérieures que le « porc, animal omnivore, qui vit de racines, d'herbes et de sub- « stances animales, enfin des résidus de tout genre, et que les « Anglais appellent, à cause de cette précieuse faculté, *le nettoyeur de « la basse-cour*, est bien moins soumis à l'influence du climat et du « sol, bien moins attaché à tel ou tel pays, tel ou tel terroir, bien « moins localisé, pour ainsi dire, que les animaux purement herbivores, « comme le bœuf et le mouton, et s'acclimate partout avec la plus « grande facilité. » Déjà plusieurs de ceux qui engraissent ont adopté les races anglaises pures ou croisées, et il nous paraît certain que plus on marchera en avant, plus on abandonnera ces grands porcs, aux membres allongés, au dos voûté, à côtes plates, à système osseux très-développé, ayant la poitrine étroite, le train de derrière étranglé, mangeant beaucoup et s'engraissant tard.

Indépendamment de son excellente conformation, le cochon anglais profite beaucoup mieux que les nôtres de la nourriture qu'on lui donne. Sa viande revient donc à meilleur marché au producteur.

Cependant on élève de graves objections. Suivant de bons praticiens et d'excellents charcutiers de Paris, notamment, on doit reprocher au porc anglais d'avoir une viande sèche, moins sapide que celle de nos races, se gardant moins bien, soit fraîche, soit salée, perdant son jus plus vite, d'une salaison plus difficile et, lorsque cette opération a lieu pendant la chaleur, se piquant au bout de peu de temps. Le jambon d'York, excellent d'ailleurs, doit être mangé au bout de deux ou trois mois, autrement il rancit et sèche, et si les Anglais faisaient cuire leur viande de porc autant que nous, elle serait très-peu sapide et tellement sèche au bout de quelques jours de cuisson qu'elle ne supporterait pas un instant la comparaison avec celle de nos races. Leur viande se prête moins aux différentes préparations de notre charcuterie; elle perd sensiblement à la cuisson; le pignon de la côtelette est petit, le maigre du jambon d'un volume beaucoup moindre que chez nous. D'un autre côté, le porc anglais rend trop de saindoux, sa graisse est huileuse, son lard moins ferme et moins blanc que le nôtre, beaucoup plus parsemé de maigre et mieux approprié à nos usages et à la nourriture de l'ouvrier. Le saindoux d'Amérique, qui provient de races précoces, vaut en ce moment de 80 à 120 francs, suivant qualité, tandis que le saindoux français vaut 30 à 40 centimes en sus par kilo; cette différence de prix tient à ce que le saindoux américain rancit plus vite et a moins de densité. « Vous nourrirez, nous disait un des bons « charcutiers de Paris, M. Callimas, plus de monde avec 250 kilos de « viande provenant de la race mancelle, que j'estime être la meilleure « de toutes, qu'avec 300 kilos de provenance anglaise. »

Nous n'hésitons pas à dire que si ces reproches devaient être justement et, dans tous les cas, adressés aux races anglaises introduites dans notre pays, il faudrait immédiatement y renoncer. Mais nous pensons qu'ils peuvent être faits également à tous les animaux poussés trop tôt à un engraissement trop rapide, ou nourris de substances peu propres à produire de la viande de bonne qualité. Les porcs anglais nourris, comme beaucoup des nôtres, notamment avec du lait clair, des pommes de terre, un peu d'orge concassé et un peu moins poussés, doivent donner une chair tout aussi bonne que ces derniers. En définitive, il est constant qu'une nourriture appropriée au but qu'on se propose fait disparaître les inconvénients signalés ci-dessus.

Nos meilleurs cultivateurs reconnaissent tous la supériorité du cochon anglais pur ou croisé avec nos bonnes races françaises; nous ne saurions trop solliciter tous ceux qui en sont encore aux anciennes pratiques à les imiter, dans l'intérêt de leur bourse comme dans celui de la consommation générale, dont le chiffre est énorme. Dans le rapport que nous avons cité plus haut, M. de Colombel le rappelait fort à propos : « L'espèce porcine, disait-il, a, au point de vue de l'alimentation de notre pays, une importance qu'on n'apprécie pas généralement à sa juste valeur. Que de personnes ne se doutent pas que le porc, cet animal si dédaigné, qu'on ne considère que comme l'accessoire nauséabond de quelques exploitations rurales, constitue le fond même de la nourriture d'une partie de la population française, et qu'il fournit à notre consommation nationale une quantité de viande et de graisse presque égale à celle que nous procure l'espèce bovine tout entière, et triple ou quadruple de celle que nous donne l'espèce ovine! Ainsi, par exemple, tandis que le contingent des moutons consommés en France ne s'élève qu'à 80 millions de kilogrammes de viande environ, celui des porcs atteint le chiffre énorme de 290 millions de kilogrammes (*Statistique officielle*). Ce simple aperçu doit appeler l'attention sur ces animaux si utiles qui, selon une expression vulgaire, mais littéralement juste, se mangent des pieds à la tête ; dont la nourriture, l'entretien et l'engraissement offrent les plus grandes facilités ; qui donnent un rendement proportionnel de viande nette ou de parties utiles bien plus élevé que les bêtes de boucherie, puisque, au lieu de 50 à 60, il monte jusqu'à 94 p. 0/0, et qui, enfin, par le choix bien entendu des races et des reproducteurs, peuvent, à temps et à frais égaux, augmenter encore leurs produits de plus de moitié. »

A l'heure où nous écrivons, la viande de porc est celle qui se vend le mieux. Voici, en effet, la moyenne officielle du prix des viandes à la criée de Paris pendant les six premiers mois de 1862 :

Viande de bœuf, le kilog	1	13	3
— mouton	1	21	5
— porc frais	1	30	1
— — fumé	1	61	3

Dans notre département, depuis six mois, la moyenne du prix de l'animal vendu sur pied a varié entre 1 fr. 50 c. et 1 fr. 10 c. le kilog.

Nous croyons inutile de nous étendre davantage sur les détails d'un sujet si souvent traité ; qu'il nous soit seulement permis d'ajouter que, si nous n'avons pas toujours trouvé en Angleterre les porcheries bien tenues et dans un état de propreté suffisante, nous n'en avons pas vu une seule qui ne contînt, indépendamment d'un abri, une petite cour où ces animaux peuvent se promener et respirer le grand air. On ne saurait trop s'élever contre l'absurde système qui consiste à enfermer ces malheureuses bêtes dans des toits où elles manquent d'air, de lumière, d'espace et où elles croupissent dans une malpropreté révoltante.

IVe PARTIE.

Observations générales.

Après avoir jeté un rapide coup d'œil sur l'ensemble de l'exposition qui a eu lieu dans le parc de Battersea, à Londres, de la fin de juin au commencement de juillet 1862, nous allons développer brièvement les conclusions qu'on doit en tirer et dire dans quelle mesure nous devons profiter des exemples que nous donne l'Angleterre, comment nous entendons que nos races doivent être améliorées.

Pascal a dit : « Tout ce què l'intelligence de l'homme peut faire est d'apercevoir quelque apparence du milieu des choses, dans un désespoir éternel d'en connaître ni le principe ni la fin..... Nous brûlons du désir d'approfondir tout, et d'édifier une tour qui s'élève jusqu'à l'infini. Mais tout notre édifice craque, et la terre s'ouvre jusqu'aux abîmes. » Qu'il en soit ainsi lorsqu'il s'agit d'approfondir les causes premières de la plupart des phénomènes qui ont la nature pour objet, soit. Mais s'il n'est donné à nulle main mortelle de lever le voile qui entoure les mystères de la vie et de son développement, nous n'en pouvons pas moins, en restant sur le terrain solide des faits, tirer certaines conclusions pratiques qui, pour être en dehors des causes premières, n'en seront pas moins justes.

Trois conditions principales sont d'abord à considérer lorsqu'il s'agit d'élevage et de races : la nourriture et le sol, le climat, le choix des reproducteurs. Pour les races d'animaux domestiques de l'Europe, nous plaçons la nourriture en première ligne, parce que, comme le dit fort justement le proverbe, nourriture passe nature. L'animal ne change pas seulement à mesure qu'il avance en âge, c'est-à-dire de loin en loin; il change encore incessamment dans sa composition intérieure, qui se modifie singulièrement suivant les aliments qu'il prend. « D'instant en instant, dit I. Geoffroy Saint-Hilaire (1), des matériaux étrangers sont introduits par l'être organisé dans son organisation, et il les fait siens ; réciproquement, des parties de sa propre substance sont éliminées et lui deviennent étrangères. Si bien que ce qui est *lui* aujourd'hui ne l'était pas hier, ne le sera pas demain : peut-être dans un temps donné ne lui restera-t-il pas un seul des éléments qui le constituaient d'abord. Si bien aussi que les êtres organisés, en même temps qu'ils changent rapidement leur composition, altèrent lentement celle de leurs milieux ambiants, de l'atmosphère, des eaux, du sol, dans lesquels, en effet, ils puisent et versent incessamment. Échange perpétuel de matière entre eux et le réservoir commun, qui ne leur abandonne pas, qui leur prête seulement les éléments passagers de leur existence ; flux et reflux perpétuel des mêmes molécules, tour à tour restituées, reprises et encore restituées : véritables transmutations de la matière, plus merveilleuses que toutes celles qu'ont rêvées les alchimistes, et qui assurément nous paraîtraient telles, si le théâtre n'en était en nous-même, sur chacun des points de notre corps et à chaque instant de notre vie. »

Le cheval oriental et le suffolk, la vache hollandaise et la vache bretonne, le dishley et le blackfaced des montagnes de l'Écosse, sont bien les fils de la terre qu'ils habitent. Le porc, animal omnivore, de tous les animaux celui qui s'acclimate le plus facilement, subit les mêmes influences. Dans son mémoire si souvent cité sur les changements survenus parmi les animaux transportés de l'ancien monde dans le nouveau, M. le docteur Roulin constate que le porc qui habite les Paramos, c'est-à-dire des montagnes qui sont à plus de 2,500 mètres d'élévation, prend beaucoup de l'aspect du sanglier. Son poil devient très-épais, souvent un peu crépu et présente même en dessous, chez certains individus, une espèce de laine. Il est petit, rabougri par suite d'une nourriture médiocre et par l'action continue d'un froid qui cependant n'est pas excessif. A l'état domestique, un mouton mérinos transporté dans les prairies qui avoisinent la mer est vendu comme mouton de pré salé et les plus fins gourmets s'y laissent prendre. A l'état sauvage, le lièvre

(1) *Histoire naturelle générale des règnes organiques*, ouvrage interrompu par la mort prématurée de l'auteur.

de certaines plaines, le lapin de certains coteaux sont bien préférables à ceux de telle ou telle autre contrée. On peut multiplier les exemples à l'infini, mais il est inutile d'insister sur une question qui n'en est pas une ; car nous pensons que personne ne songe à nier l'énorme influence qu'exercent sur les corps organisés le sol, la nourriture, le climat.

Lors donc qu'il s'agit de faire choix d'une race, il ne faut pas seulement voir ce qu'elle est, mais encore examiner avec soin comment et pourquoi elle est telle, en d'autres termes et indépendamment des questions de sélection et de croisement, dans quel milieu elle vit.

M. Villermé (1) a fait observer avec raison que le véritable progrès, en ce qui concernait nos animaux domestiques, consisterait bien plutôt dans le perfectionnement de ce qui a déjà depuis longtemps sa raison d'être que dans une révolution radicale de notre système zoologique ou dans de trop aventureuses innovations, et qu'en tous cas, de quelque bête qu'il s'agisse, l'amélioration de la terre devait précéder l'amélioration du bétail. Et rien n'est plus vrai. Les plus belles races, les meilleurs reproducteurs, dans un pays qui ne produirait pas les éléments nutritifs qui leur conviennent, avec un sol et un climat qui leur seraient contraires, dégénéreraient vite et ne seraient jamais qu'une cause de déception et de perte.

Il faut, pour que l'individu prospère, qu'il soit en harmonie avec les conditions d'existence, avec le milieu où on le fait vivre. « Toute espèce, dit très-bien M. de Quatrefages (2), doit satisfaire à cette exigence. Du moindre désaccord entre ces deux termes résultent la souffrance pour l'individu, l'amoindrissement pour l'espèce. Bien que souffrant dans certaine limite, l'individu peut fournir sa carrière à peu près entière ; mais les effets du désaccord s'accumulant à chaque génération, et s'aggravant par le fait de l'hérédité, l'espèce ne saurait durer indéfiniment dans un milieu qui lui serait même très-peu contraire. Il en serait d'elle comme du rocher que finit par percer la chute incessante de faibles gouttes d'eau. » A plus forte raison en sera-t-il de même pour la race.

---

(1) *Revue des Deux Mondes* du 1er juillet 1862.

(2) *De l'unité de l'espèce humaine*, ouvrage du plus haut intérêt.

Cela posé, examinons rapidement quels sont les éléments qui dominent la question dans notre département. Nous arriverons ensuite à l'Angleterre.

Nul ne conteste que nos prairies naturelles, cette base première de toute bonne nourriture, sont généralement peu étendues eu égard à l'ensemble des exploitations, d'un rendement médiocre après la première coupe, soit comme deuxième coupe, soit comme pâturage. Nos terres produisent des aliments qui poussent au sang plutôt qu'à la lymphe, au développement du système osseux plutôt qu'à son amoindrissement. Notre eau est chargée de sel calcaire. Notre climat est assez rude. En juin, juillet et août, nous avons des transitions de température qui varient d'une semaine à l'autre, quelquefois même d'un jour à l'autre, entre 10 et 12 degrés centigrades et 25 et 30. L'hiver est souvent très-âpre, avec des transitions de température non moins brusques, toute proportion gardée. Les distances à parcourir par nos animaux sont longues, les chemins poudreux et boueux, suivant le temps, les ouvriers généralement rudes pour les animaux, comme ils le sont d'ailleurs pour eux-mêmes. Les chiens rendent des services dont il est difficile de se passer, mais qui sont bien compensés par les inconvénients qu'ils causent. Bref, dans l'état actuel des choses, il nous faut des animaux assez rustiques, peu exigeants sous le rapport des soins et des ménagements qu'il serait impossible d'obtenir pour eux, et d'un tempérament approprié au milieu dans lequel ils sont appelés à vivre, sous peine de se modifier et de dépérir (1).

Transportons-nous maintenant en Angleterre; nous allons assister à un spectacle tout différent.

La plupart du temps, le tiers au moins, quelquefois la moitié des exploitations agricoles, se composent de prairies naturelles dans d'excellentes conditions, très-soignées, de bonne qualité, favorisées par un ciel généralement brumeux, souvent arrosées par des pluies douces. Presque toujours situées aux alentours des fermes, d'une étendue d'un,

(1) Il semble, du reste, que là où on élève, les hommes soient plus doux pour les animaux. Dans notre département, ceux qui aiment le plus les animaux sont les bergers, sans doute parce que nous élevons beaucoup de moutons.

deux ou trois hectares, plus ou moins, elles sont entourées de haies, de fossés ou de palissades. Le bétail est mis successivement dans chacune d'elles. Pendant les neuf dixièmes de l'année au moins, il y séjourne nuit et jour, tranquillement, sans être troublé par rien, mangeant quand il a faim, buvant quand il a soif, reposant quand il lui plaît, toujours traité avec douceur par des gens qui, par goût, aiment les animaux et sont soucieux de leur bien-être. L'air, généralement moite, vient encore exercer son immense influence, en permettant aux poumons de respirer dans une atmosphère qui n'est pas sèche, âpre ou brûlante comme cela arrive souvent chez nous; car, en définitive, c'est par l'action des poumons que se forme le sang artériel, le sang vivifiant, au moyen de l'absorption de l'oxygène, et il est connu que l'air respiré exerce sur l'organisme une influence aussi importante que la nature des aliments. Les aliments, l'eau, le climat, les soins, l'hygiène générale, tout en un mot contribue à favoriser chez nos voisins l'élevage des bêtes de boucherie. Et cela est vrai non pas seulement pour quelques localités, mais encore pour la presque totalité du pays. Là où les mêmes éléments n'existent pas, les races changent sans que les Anglais songent, tout en cherchant à les améliorer, à leur en substituer d'autres qui, vraisemblablement, ne réussiraient pas. Cette influence du *milieu* est telle en Angleterre, que, si l'on veut examiner d'un point de vue général l'ensemble des races, on devra reconnaître entre elles et même entre espèces différentes un air de famille qui frappe dès le premier abord. Ainsi le bœuf durham, le hereford, le mouton leicester, le cheval clydesdale ou le suffolk sont bien les enfants du même pays, de même que le bœuf devon et le mouton southdown. Nous ne retrouvons plus ce même air de famille dans les pays qui, comme le nôtre, diffèrent souvent si sensiblement de département à département sous le rapport du sol, du climat, de la nourriture.

L'un des caractères principaux du bétail anglais, c'est d'avoir un tempérament lymphatique et il se trouve ainsi en rapport parfait avec le milieu où il vit. Transporté dans un climat différent et nourri avec des aliments contenant des principes alibiles autres que ceux de son pays d'origine, il se modifiera certainement dès la première génération ; à la deuxième ou à la troisième, il sera transformé. Nous n'en sommes pas d'ailleurs à raisonner sur des hypothèses. C'est un fait certain qu'en Normandie, par exemple, contrée qui se rapproche bien plus que la nôtre du milieu anglais, le durham se modifie vite, surtout dans les localités où le calcaire domine. Le durham accouplé avec une vache de même race, tous deux d'origine non suspecte, produisent un animal dont les cornes sont plus prononcées que chez ses auteurs ; à la seconde ou troisième génération, ces mêmes cornes ont pris le développement de celles des animaux du pays. La nature du durham n'est plus la même. C'est un fait non moins certain que les races lymphatiques, comme la race mancelle, amenées pour l'engraissement dans certaines parties calcaires de la Normandie, réussissent mal, et qu'au bout de peu de temps la plupart de ces animaux pissent le sang. D'un autre côté, la même race normande qui pâture tranquillement dans la vallée d'Auge notamment devient impatiente, difficile à maintenir dans d'autres localités où le calcaire domine et qui sont précisément celles où les chevaux réussissent le mieux. Mais il est temps de finir sur un point hors de doute et nous dirons d'une manière générale : la diversité des races tient en grande partie à la diversité des conditions physiques auxquelles elles sont soumises; plus il y a d'unité dans les conditions physiques, plus les races se ressemblent. Toute race qui ne vit pas dans le milieu qui lui est propre se modifie et se transforme nécessairement au bout de quelques générations, ou bien elle dépérit et disparaît.

L'homme peut beaucoup assurément, et par ses efforts il obtient de merveilleux résultats. Nous le voyons chaque jour. Il crée même, pour ainsi dire, un animal dont la nature n'est pas en rapport avec le milieu où il vit, et l'Angleterre se charge elle-même de nous en fournir la preuve avec le cheval pur sang. Mais on n'obtient ces résultats qu'au prix de beaucoup de sacrifices et par conséquent à la condition d'être largement rémunéré. Il faut encore une attention soutenue et s'ingénier sans cesse à combattre les influences qui sont contraires. C'est ce qui n'est plus possible pour les cultivateurs, surtout lorsqu'il s'agit des animaux de rente; car ils doivent viser sans cesse à produire économiquement et avec profit. On n'arrive sûrement à ce but qu'en choisissant les races qui sont le plus en rapport avec le milieu où elles doivent vivre et non en se mettant en opposition avec la nature, puissance jalouse qui ne pardonne guère, on l'a dit souvent, à ceux qui violent ses lois.

Sans doute il n'est pas impossible d'élever dans la Brie des durham, des hereford, des leicester. Mais qu'on espère obtenir les mêmes résultats que les Anglais, maintenir ces races, à moins d'un régime et de soins excessifs, et finalement, en tirer le même profit que de nos normandes et de nos mérinos, c'est un point sur lequel il nous semble bien difficile de se prononcer affirmativement et qui, dans tous les cas, exige de la part des cultivateurs qui ne veulent pas courir de trop grandes chances les plus mûres réflexions.

A Dieu ne plaise cependant que nous blâmions ou voulions décourager les novateurs hardis qui cherchent à mieux faire; si personne n'avait osé, nous n'aurions pas les mérinos. Mais, comme le disait très-bien M. Drouyn de Lhuys au comice de Rozoy, l'agriculture a ses généraux, ses colonels, ses simples soldats. Ajoutons qu'elle a aussi ses maréchaux. Laissons à ces derniers le soin de tenter les grands coups. Souhaitons que les faits viennent un jour démentir notre manière de voir, car ce ne pourrait être que pour un résultat meilleur, et même répétons-leur que celui qui fait croître deux épis de blé là où la terre n'en portait qu'un est plus utile à l'humanité que le vainqueur des vainqueurs de la terre. Mais disons en même temps à nos cultivateurs que le mieux pour le moment est encore d'améliorer nos races, avant de songer à les changer, et c'est ici que viennent naturellement se présenter ces délicates questions de sélection et de croisement dont nous allons dire un mot.

C'est la plus difficile des entreprises de l'industrie agricole que l'amélioration du bétail. Personne n'ignore combien elle est ardue quand il s'agit de créer une race, et surtout, suivant l'expression de M. Flourens, « quand il s'agit de l'empêcher de se défaire. »

Le grand mérite des éleveurs anglais a été de se rendre un compte exact du milieu où ils étaient appelés à opérer. Après beaucoup d'essais et de tâtonnements, ils ont compris que la production de la viande était le plus urgent comme le plus profitable des besoins qu'ils avaient à satisfaire et que tout chez eux favorisait cette production. Des hommes doués d'une patience invincible ont marché avec une rare persévérance dans cette voie. Le choix des reproducteurs, avons-nous dit quelque part (1), le soin apporté dans leur accouplement, l'étude des rapports qui existent entre la conformation d'un animal et

(1) Du mouton mérinos comparé aux races perfectionnées de l'Angleterre, 1861.

son aptitude à prendre la graisse, l'application à diminuer les os et tous les appendices inutiles au profit de la viande, à rechercher la force de la constitution, à donner une nourriture basée sur les principes d'une bonne alimentation, telles ont été et telles sont encore quelques-unes des préoccupations des éleveurs anglais; et s'il est vrai, du moins, dans les sciences positives, comme l'a dit Cuvier, que c'est la patience d'un bon esprit, quand elle est invincible, qui constitue véritablement le génie, on peut dire que les initiateurs de l'élevage en Angleterre sont réellement des hommes de génie et qu'ils figurent parmi les plus utiles.

C'est surtout par leur habileté à choisir les reproducteurs et à les appareiller qu'ils sont remarquables.

Procédant avec une grande prudence et une sage lenteur au mélange des sangs, appareillant les reproducteurs avec un soin extrême et un tact parfait, ne cherchant pas à atteindre de suite le but, diminuant, augmentant la dose du sang qui doit apporter telle ou telle qualité, corriger tel ou tel défaut, cessant pendant un temps tout mélange, y revenant ensuite avec à propos, mettant toujours autant que possible des intermédiaires entre consanguins (1), en un mot, apportant dans ces difficiles et délicates opérations une expérience consommée, les éleveurs anglais ont ainsi obtenu ces belles races qui font l'admiration du monde entier et qu'ils cherchent à conserver par des soins tellement incessants qu'il semble que la déesse de la Vigilance veille aux portes des étables de chaque éleveur.

Scientifiquement, s'ils n'ont encore rien prouvé, pratiquement ils ont atteint le but et, une fois le mouvement imprimé, les faits établis, chacun, dans une mesure relative, a apporté et apporte chaque jour son contingent à l'œuvre commune. Si le petit tenancier ne crée pas, il a au moins soin d'éliminer, autant qu'il le peut, les bêtes défectueuses et il sait faire les sacrifices nécessaires pour ne s'adresser qu'à

(1) Nous n'entondons pas dire par là, tant s'en faut, que les éleveurs anglais admettent les idées des adversaires décidés de la consanguinité. Ils seraient d'ailleurs en opposition directe avec les faits. Mais ce n'est pas ici le lieu d'aborder cette question, qui divise en deux camps des hommes distingués et dont les o nions ne peuvent être examinées en quelques lignes.

de bons reproducteurs. D'un autre côté, de grands propriétaires, possesseurs d'excellents reproducteurs, donnent à leurs tenanciers les saillies pour rien. Insensiblement l'amélioration du bétail a été générale; aussi en dehors du concours, bien que les animaux ne soient pas tous remarquables, l'ensemble n'en est pas moins supérieur à tout ce qu'on peut voir ailleurs. C'est par cette suite d'efforts non interrompus, joints aux autres causes que nous avons développées, que ces résultats si enviables ont été atteints.

Et comme tout s'enchaîne, les institutions et les mœurs sont venues fortement en aide à l'impulsion donnée. En effet, l'homme n'est guère persévérant pour un travail de longue haleine s'il n'a la certitude que ses enseignements ne seront pas perdus. Or, l'Anglais travaille l'œil fixé sur l'avenir. Son fils, il en est sûr, lui succédera et continuera son œuvre, comme il perpétuera son nom, avec une indomptable ténacité, et c'est ainsi que le travail des générations s'accumulant le progrès se fait et reste. Chez nous, au contraire, il semble que le fils doit nécessairement faire autre chose que son père et qu'à chaque génération tout soit à recommencer. Cependant, on l'a dit avec raison, notre cœur est ainsi fait que plus il s'attache autour de lui et plus il est capable de nobles idées et de grandes choses. Celui qui aime les siens, sa maison, le nom de son père, la gloire de sa province, celui-là est un citoyen et un homme utile. Nous n'aurions pas besoin de sortir d'ici pour en trouver plus d'un exemple.

Nous venons de résumer tout ce qui concerne les races bovine, ovine et porcine. Nous avons expliqué rapidement les causes principales de la supériorité des Anglais comme éleveurs; nous avons dit dans quel sens nous comprenons que les races anglaises pouvaient être utiles dans Seine-et-Marne; nous pensons avoir atteint le but qui nous était prescrit : étudier les animaux au point de vue des intérêts du département.

Nous nous sommes efforcé de présenter les choses telles qu'elles sont, sans rien exagérer, car l'exagération n'a jamais servi la vérité.

Sous le premier dôme, dans le palais de Kensington, on lisait ces paroles de l'éternelle Sagesse : « Tour à tour les peuples apprennent et enseignent. » Apprenons des Anglais à procéder au choix de nos reproducteurs avec ce soin, ce tact, qu'on ne saurait trop mettre en lumière; à suivre nos desseins avec cette persévérance et cette prudence qui figurent parmi leurs plus rares qualités; à nourrir notre bétail, surtout dans la jeunesse, d'une manière rationnelle, en un mot, à l'entourer de ces soins éclairés et vigilants sans lesquels les races ne s'améliorent pas ou s'améliorent très-imparfaitement; alors, bien que produisant d'autres animaux, nous ferons aussi bien qu'eux et nous pourrons, à notre tour, servir d'enseignement. La tâche n'est pas au-dessus des forces de nos cultivateurs qui figurent aujourd'hui parmi les premiers en France. Et pour terminer enfin, qu'il nous soit permis d'emprunter, en les appliquant à l'agriculture, les paroles que Son Excellence M. Rouher prononçait à Londres, au banquet du 16 juillet 1862 : « Nos cultivateurs ont admiré les succès obtenus par leurs collègues de l'Angleterre, mais avec les sentiments d'une noble émulation, non d'une étroite jalousie, et avec cette conviction que partout Dieu réserve à l'activité et au travail de ses enfants les mêmes récompenses et les mêmes triomphes. »

Le rapporteur,

TEYSSIER DES FARGES.

CINQUIÈME SECTION.

Instruction primaire. — Beaux-Arts.

MONSIEUR LE PRÉFET,

La cinquième section de la commission départementale que vous avez nommée a l'honneur de vous adresser son rapport.

Cette section a eu à examiner principalement tout ce qui concernait l'Éducation élémentaire et incidemment les sciences qui s'y rattachent, et elle a eu également mission d'étudier l'exposition des beaux-arts dans un but utile au département de Seine-et-Marne.

Cette section, Monsieur le Préfet, composée de deux membres seulement, a eu une tâche longue et minutieuse à remplir. Ces membres se sont partagé le travail, et M. Carro a bien voulu se charger de la partie des Beaux-Arts.

Vous pardonnerez sans doute la diffusion que vous pourrez peut-être remarquer dans ce travail, mais la nature des objets à étudier était si variée, les produits si divers, qu'il était à peu près impossible de faire de cet examen un tout bien homogène.

Je voudrais être court dans mon rapport, mais, Monsieur le Préfet, il est néanmoins plus difficile au rapporteur de la cinquième section de se conformer à vos désirs qu'à ceux des autres divisions de notre commission. Mes honorables collègues ont pu rejeter de leur travail tout ce qui n'avait pas d'utilité ou d'application dans notre département, ainsi que les procédés auxquels le sol et le climat n'offraient pas chance de succès, mais dans la vingt-neuvième classe de l'Exposition je n'ai trouvé rien à rejeter. J'ai donc dû tout examiner, tout étudier, parce que l'instruction élémentaire est une plante qui prend racine partout, sans acception de terroir, sans prédilection pour aucun climat : son domaine est l'univers.

Au premier aspect, le travail des membres de la cinquième section a pu paraître à quelques personnes léger, même sans grand intérêt, mais vous en avez jugé autrement, Monsieur le Préfet, et vous avez pensé que tout ce qui tient à l'enseignement méritait un sérieux examen. Si nos honorables collègues ont eu à apprécier par quels moyens on parvient à exécuter ces merveilleux chefs-d'œuvre industriels qui étonnent nos regards, nous avons eu, nous, à étudier, à constater par quels moyens, par quels procédés on est parvenu à former ces hommes qui, chaque jour, par leur génie, apportent un rameau nouveau au faisceau de la science.

Il est loin de nous, Monsieur le Préfet, ce temps où M. de Chateaubriand écrivait : « L'éducation effraye les esprits enclins au passé ou anti- « pathiques à l'avenir. Ils ne se représentent pas sans épouvante « tout un peuple sachant lire et écrire. Selon eux, l'ouvrier a besoin « d'ignorance pour adopter son sort et rester attaché à son ouvrage. » On prétendait alors couvrir les yeux du peuple comme on couvre ceux du cheval condamné à rouler perpétuellement une meule dans son cercle de pierre. Mais aujourd'hui tout le monde reconnaît que l'instruction élémentaire répartie à l'individu améliore l'espèce tout entière. L'agronome et l'ouvrier peuvent actuellement s'instruire par la lecture des livres qui traitent de leurs travaux, qui les facilitent et les rendent plus productifs, et c'est à ce but infiniment utile que cherche à parvenir le Gouvernement par l'encouragement donné par lui à la création des bibliothèques communales.

L'éducation de l'homme commence à sa naissance, et son instruction élémentaire lui est aussi nécessaire, quelle que soit sa condition, que le pain qui le nourrit. Mais cette instruction élémentaire doit être quelque chose de simple et de pratique. Elle exige peu de théorie, mais beaucoup de soin ; peu de préceptes, mais beaucoup de patience. Le besoin d'instruction élémentaire une fois reconnu, quelle méthode faut-il employer? La plus courte assurément, car le temps c'est de l'argent, et le pauvre n'en a pas à perdre, ses heures sont comptées ; aussi tout ce qui tend à abréger l'instruction élémentaire doit être recherché avec empressement.

Avant de vous faire connaître, Monsieur le Préfet, le résultat de nos observations, qu'il nous soit permis d'adresser publiquement nos remerciements à M. Le Play, Commissaire impérial à Londres, qui a bien voulu nous aider et faciliter nos recherches par tous les moyens à sa disposition. Le département de Seine-et-Marne serait ingrat s'il ne faisait également acte de gratitude envers MM. Aubry Le Comte et Lacoin, car ces commissaires ont bien voulu apporter une attention toute particulière à l'exposition collective des diverses sociétés d'agriculture de notre département.

Les premières indications de la commission de l'Exposition avaient fait croire, en France, que les objets ayant quelque rapport avec l'enseignement élémentaire seraient seuls reçus ; mais la commission royale de Londres admit tardivement à cette exposition toutes les branches de l'instruction ; aussi l'exposition française se réduisit aux limites précédemment assignées.

Le nombre des exposants était de *six cent quarante-deux* provenant de 26 pays différents. Cent soixante et dix-sept exposants appartenaient à la France (27 1/2 %).

Une exposition de tous les objets relatifs à l'éducation des populations était digne d'une sérieuse attention, et l'importance de cette collection avait été tellement sentie, qu'à la tête de cette classe spéciale se trouvaient placées les sommités intellectuelles de tous les pays.

L'instruction élémentaire ayant pour but le développement simultané des facultés physiques, morales et intellectuelles de l'enfant, c'est cet ordre que je m'efforcerai de suivre dans mon travail.

PREMIÈRE PARTIE.

INSTRUCTION PRIMAIRE.

Éducation élémentaire.

(MATÉRIEL.)

Batiments d'école.

La première chose que nous avons remarquée à l'Exposition universelle, c'est le soin qu'ont apporté les diverses sociétés qui se trouvent en Angleterre à la tête de l'instruction dans le choix du terrain sur lequel sont construits les bâtiments des écoles, et l'heureuse situation qui leur est donnée. Ces diverses sociétés ont exposé un très-grand nombre de plans que nous avons examinés avec attention et dont voici le résumé, notre travail ne comportant pas des détails qui eussent exigé des volumes.

En Angleterre, le Gouvernement n'entre que pour peu de chose dans l'éducation du peuple ; il en laisse la direction et la charge à la bienfaisance publique, il ne fournit que des subsides ; est-ce un bien, est-ce un mal ? Quant à nous, nous préférons la contribution de tous et l'intervention de l'État dans l'instruction élémentaire à cette espèce d'aumône fournie par la classe riche et l'intermédiaire des sociétés. Il y a dans cette manière de contribuer quelque chose de dégradant pour celui qui en est l'objet.

Ce sont donc les associations particulières qui ont l'initiative de tout ce qui se réalise en fait d'instruction. Elles ont reconnu, ces sociétés, que plus l'aspect, plus la situation d'une école est agréable, plus s'y plaisent également ceux qui la fréquentent.

On cherche surtout à attacher l'enfant à son école; on désire qu'il y entre toujours avec plaisir et qu'il s'y trouve aussi bien et même mieux que chez ses parents. C'est là le vrai moyen de voir l'élève revenir joyeux s'asseoir chaque jour sur son banc.

Voici, Monsieur le Préfet, l'espace généralement indiqué et adopté par les diverses sociétés anglaises pour les écoles, selon le nombre d'élèves que ces salles sont destinées à contenir. Mais en général on calcule l'espace voulu sur 1m 95 carré par élève, et le Gouvernement, qui donne un subside, ne le paye que selon la capacité de l'école et non sur le nombre exact des élèves; on voit souvent une école ne recevant de secours que pour les deux tiers des enfants qu'elle contient.

	Longueur.	Largeur.	Hauteur.
	—	—	—
De 1 à 40 élèves.	6m398	3m964	de
40 à 70 —	9 140	4 874	3m656
70 à 100 —	12 188	5 267	à
100 à 120 —	13 700	6 398	4 874
120 à 150 —	15 500	7 000	
150 à 200 —	18 280	7 616	

L'école doit être située de manière à recevoir le plus de jour possible. On regarde l'introduction de la lumière comme une partie essentielle dans la construction; il ne peut en exister trop. Des stores mobiles sont appliqués aux fenêtres, menagées, autant que possible, dans la partie supérieure de l'édifice.

Salle d'étude.

La salle d'étude est située, autant que faire se peut, au niveau du sol, le terrain ayant été préalablement drainé avec soin. Les murs construits en pierres sont enduits de plâtre. On rejette dans ces constructions la brique, qui est froide et qui retient l'humidité. On recommande surtout d'éviter dans le crépi et le badigeon dont on recouvre les murs la couleur jaune comme nuisible à la vue ainsi qu'à la santé et d'employer de préférence le *gris clair* ou le *vert tendre.*

La salle est lambrissée à la hauteur de 1m 25, et le sol en est planchéié, conservant une légère pente vers une des extrémités. La salle n'est pas plafonnée. Le toit est recouvert d'ardoises posées sur lattes afin d'éviter l'écho ; car il est reconnu qu'il est impossible qu'une école existe dans de bonnes conditions dans les lieux renfermant un écho. Ce cas se présente cependant si souvent, qu'un architecte a cherché à remédier à ce vice par un moyen simple et facile à exécuter. Ce moyen consiste dans la suspension, à la partie supérieure du bâtiment, d'un ou plusieurs sacs confectionnés avec une étoffe de laine grossière et remplis de paille. On donne à ces sacs la forme d'une poire et on les recouvre d'une teinte verte pour que la vue n'en soit pas désagréablement affectée. Ces sacs, qui font l'effet de lustres enveloppés, ont la propriété, en absorbant le son, d'en empêcher la répercussion.

La porte par laquelle les enfants se rendent dans la salle est toujours précédée d'un porche sous lequel les élèves peuvent attendre l'heure de l'entrée dans la classe et se mettre à l'abri de la pluie, du vent ou du soleil.

A l'entrée de la salle d'étude se trouvent, sous le vestibule, des vases destinés au lavage des mains ; des peignes et des brosses à cheveux sont appendus fixement à la muraille, mais de manière à en permettre l'usage aux enfants, et chaque écolier est sévèrement puni s'il se présente les mains ou le visage sales et les cheveux en désordre. Les sociétés qui sont à la tête de ces écoles ont reconnu que la santé des enfants dépend beaucoup de leur propreté. Elles ont remarqué également que la propreté est un des principes de l'activité, de la bonne humeur, de la satisfaction intérieure, et qu'elle a une grande influence sur la moralité des enfants.

Des ouvertures plus ou moins grandes, selon la capacité de la salle, sont conservées dans le plafond ainsi qu'au niveau du plancher. Ce sont autant de ventilateurs qui excitent la circulation de l'air et qui contribuent à entretenir la santé des élèves. Un poêle ou une étuve se trouve placé dans l'un des angles de la salle et est entouré par une forte grille en fer que le maître seul peut ouvrir. Une large ventouse passe par le foyer du poêle. L'hiver on ferme les ouvertures inférieures, ne laissant libre que la ventouse de l'étuve, qui fait alors circuler continuellement un courant d'air qui s'est échauffé par son passage dans le foyer.

Tables et Bancs.

On remarquait, à l'Exposition de la vingt-neuvième classe, des modèles très-variés de siéges, de tables, tous assez ingénieux. M. Ford, n° 5,468, avait exposé des siéges bien conditionnés, offrant de la commodité, dans un petit espace; ces bancs-tables peuvent se ranger le long des murs, se réunir ou s'écarter à volonté; les siéges et les tables ont la faculté de s'élever, selon le besoin, au-dessus du sol au moyen de crans et de vis adaptés dans leurs montants; ils forment ainsi une série de gradins, ou une sorte d'amphithéâtre. Mais le prix en est trop élevé pour qu'ils puissent être employés dans les écoles primaires; et cette même remarque s'adresse aux bancs et aux tables présentés par la société *Home and colonial*. Je crois devoir cependant signaler ses siéges à deux fins, offrant à volonté, à l'aide d'un simple renversement, soit un siége, soit un pupitre, ou l'un et l'autre; mais il est à craindre que la solidité ne fasse défaut avec un fréquent usage.

Gymnastique.

En dehors de l'école, qu'elle soit petite ou grande, on trouve toujours sur le *play-ground*, ou emplacement réservé pour les jeux, divers appareils gymnastiques. En Angleterre comme en Allemagne, on semble attacher une grande importance à cette partie de l'éducation. La gymnastique, cette discipline du corps, est reconnue nécessaire à notre être; elle fortifie nos muscles, donne de l'activité à tous les nombreux ressorts qui constituent notre individu, nous procure la santé; à l'aide de cet exercice l'intelligence se fortifie.

Les appareils gymnastiques étaient donc exposés en très-grand nombre par toutes les nations qui avaient pris part à l'Exposition; je crois inutile, Monsieur le Préfet, de vous les décrire, car il ne s'y rencontre rien que nous ne connaissions déjà. Mais en Angleterre la gymnastique n'est pas condamnée à n'être utilisée qu'à l'air libre: car, appelée à corriger notre corps des défauts qu'il n'apporte pas en naissant, mais qu'il gagne bientôt quand on ne l'habitue pas à la soumission et à l'obéissance, la gymnastique a été introduite à l'aide des appareils spéciaux dans l'intérieur même de la salle d'étude, et pendant la saison pluvieuse les enfants ne sont pas privés d'exercice utile. Ces appareils spéciaux sont simples et occupent peu de place : ils consistent en une plaque de fer solidement fixée au mur ; cette plaque porte un bras ou levier jouant dans le sens du mur, ayant une longueur de 813 millimètres. Ce levier traverse un poids mobile de 4 kilogrammes ; le levier est divisé sur sa longueur par différents trous où vient aboutir l'écrou qui sert à fixer le poids ; à l'extrémité du levier se trouve adaptée une corde qui passe par deux poulies fixées au mur et dont la direction change selon le genre d'exercice à exécuter par l'élève, qui tient la poignée adaptée à l'extrémité opposée de la corde. La résistance est augmentée ou diminuée par le rapprochement ou l'éloignement du poids de l'extrémité du levier.

Choix du maître.

Les plans secs et arides qui se trouvaient exposés ne pouvaient suffire à mes recherches, et je profitai de l'invitation qui me fut faite par plusieurs Sociétés de visiter les écoles diverses qu'elles avaient établies. Mes honorables collègues ont été voir dans les fermes la mise en action des machines aratoires, moi j'ai couru les écoles voir fonctionner les méthodes et les appareils destinés à l'éducation élémentaire. Je me suis entretenu longuement avec les hommes éminents placés à la tête de ces Sociétés, et par ces conversations j'ai appris qu'après l'école établie, les élèves convoqués, le choix du maître était ce à quoi elles apportaient le plus grand soin, car en Angleterre, où l'instruction est libre, tous les maîtres ne sont pas brevetés et un grand nombre n'ont pas passé par une *école normale*. Les comités chargés par les Sociétés de l'organisation de leurs écoles cherchent donc avant toute chose un maître qui aime son état, et c'est souvent chose très-difficile à rencontrer. Beaucoup de maîtres regardent leur état comme une sorte d'esclavage; d'autres, au contraire, aiment leur carrière· L'homme cependant peut trouver dans la pédagogie du bonheur et de la jouissance, car l'esprit aime toujours a s'exercer : il trouve des charmes à suivre dans toute circonstance le succès des moyens qu'il met en œuvre. La plus grande jouissance de l'agronome n'est-elle pas de constater à chaque instant les progrès de la plante qu'il a fait éclore, de la greffe qu'il a pratiquée? Le maître ne peut-il pas lui être comparé? N'a-t-il pas une terre neuve à ensemencer, une plante intellectuelle à élever? Ne doit-il pas trouver du plaisir à opérer sur ce jeune esprit? N'éprouve-t-il pas enfin du bonheur à constater chaque jour son développement?

On tient peu en Angleterre à la régularité, à l'uniformité de l'instruction; mais ce qu'on demande d'un maître, c'est qu'il s'attache à ses élèves, qu'il aime à voir leurs progrès. Peu importent les méthodes, toutes sont bonnes, pourvu que le maître fasse assidument travailler les enfants, et que surtout il les fasse raisonner; qu'il ouvre leurs faibles intelligences et développe petit à petit leurs facultés intellectuelles. On cherche à former des hommes et non des automates.

J'aurais ici beaucoup à dire sur l'instruction élémentaire en Angleterre, car on a mis sous mes yeux et j'ai pu compulser le volumineux rapport de la commission royale nommée en 1859 par le Parlement pour s'enquérir de la situation de l'éducation dans le Royaume-Uni; mais ce serait dépasser les bornes qui me sont fixées. Les diverses parties que j'ai cru devoir supprimer dans mon travail seront le sujet d'un rapport particulier que j'aurai l'honneur d'adresser prochainement à M. le Préfet sur l'Education, matière tellement importante que la Suisse fera, cette année, une exposition universelle spécialement consacrée à tout ce qui a quelques rapports avec l'éducation du peuple; et je ne doute pas que le département de Seine-et-Marne ne fasse examiner cette exposition si exceptionnelle et d'une nature si intéressante.

Méthodes et grammaires.

Je ne vous parlerai pas, Monsieur le Préfet, des *méthodes* ni des *grammaires*, car ces ouvrages, qui se trouvaient en fort grand nombre à l'Exposition, ont besoin, pour être jugés, d'être appliqués à la langue pour laquelle ils sont faits : très-bons pour un idiome, ils peuvent être défectueux pour un autre. En général, ils m'on paru, pour la plupart, peu dignes de figurer à l'Exposition, parce qu'ils sont bien inférieurs à des ouvrages déjà publiés sur les mêmes sujets.

Appareils mécaniques pour l'instruction.

Nous remarquons à l'Exposition un grand nombre de mécaniques à l'aide desquelles on prétend faciliter aux enfants l'enseignement de l'*alphabet*, remplacer les *syllabaires* et même leur faire faire mécaniquement les premières règles de l'*arithmétique*. Je ne vous décrirai pas, Monsieur le Préfet, ces divers appareils, parce que ces moyens factices sont selon nous vicieux par plusieurs raisons. D'abord parce qu'on prétend, à l'aide de ces appareils, soulager et aider la mémoire des enfants. Ne savons-nous pas, et n'avons-nous pas éprouvé tous tant que nous sommes que ce qui s'apprend facilement s'oublie également vite, de même qu'un sillon légèrement tracé s'efface au moindre vent? La mémoire, comme la terre, a besoin d'être travaillée profondément pour conserver et faire fructifier la semence qu'on lui confie. La mémoire ne vit que par l'exercice. L'idée ou l'image, pour se fixer dans une jeune cervelle, a besoin d'un travail prolongé.

Nous considérons également comme inopportuns les moyens mécaniques devant remplacer les alphabets et les syllabaires, parce que ce sont des appareils muets : c'est vouloir apprendre à jouer du violon sur un instrument sans corde. La mémoire de l'enfant, en apprenant son alphabet, doit s'impressionner non-seulement de la forme, mais aussi du son ; car chaque figure est la représentation phonétique d'une lettre qu'il faut graver dans son esprit. Le syllabaire mécanique offre encore plus d'inconvénients, puisque l'assemblage des lettres n'est rien sans la prononciation qui les accompagne et on ne saurait faire sentir mécaniquement la différence de l'*a* sans accent à l'*à* grave ou circonflexe, de l'*e* muet à l'*é* aigu ; il faut donc que le maître vienne en aide à la mécanique. Il y a donc ainsi double travail pour l'élève et pour le maître.

Quant aux petites machines imaginées pour apprendre à compter aux enfants, telles que *bouliers*, *arithmomètres*, etc., etc., elles sont toutes insuffisantes, car elles présentent les résultats et n'enseignent pas la marche de l'opération. Les enfants des écoles apprennent assez facilement l'*addition* et la *soustraction*, mais ils se font des monstres de la *multiplication*, de la *division* et surtout des *fractions*. Pourquoi? Parce que la plupart de ceux qui sont chargés de les initier ne se mettent pas toujours, dans leurs démonstrations, au niveau de l'intelligence de leurs élèves. Que le maître inculque profondément dans l'esprit de ses élèves que toutes les règles de l'arithmétique se réduisent à deux opérations : *ajouter* et *soustraire*, et le plus grand pas sera fait (1).

Géographie.

La géographie était, Monsieur le Préfet, une des parties de l'instruction qui avaient à Londres le plus grand nombre de représentants. Les cartes murales physiques et politiques y abondaient, mais l'Allemagne se faisait remarquer principalement par ses nombreuses et belles collections.

Si la géographie est encore en retard dans l'éducation première des habitants des campagnes, c'est, il faut bien l'avouer, que souvent l'instituteur est lui-même peu versé dans cette science ; il charge, outre mesure, la mémoire des élèves d'une aride nomenclature; il fait alors de cette étude une chose fastidieuse et ennuyeuse pour l'enfant. En général, pour bien enseigner, il faut bien savoir.

Nous sommes ennemis, nous l'avons déjà dit, de tout ce qui est mécanique en fait d'instruction. Nous ne vous parlerons donc pas des nombreuses imitations empruntées à la géographie mécanique de l'abbé Gaultier. Ce ne sont que des moyens mnémoniques, et l'on ne sait pas la géographie parce que l'on a retenu six ou sept cents noms qui forment le fond de tout atlas général.

Avec la géographie mécanique ou mnémonique, la géographie physique n'existe pas. L'enfant saura bien qu'il y a cinq parties du monde, que chaque partie se compose de divers États. Il connaîtra

---

(1) Nous recommanderons cependant comme en dehors de ces diverses machines le *nécessaire métrique* de M. Chevalier, de Paris, qui mérite d'être adopté dans toutes les écoles; il facilitera la démonstration de tout ce qui concerne notre système de poids et mesures.

les principaux fleuves, les principales chaînes de montagnes; mais le relief du globe sera comme non avenu ; car dans la géographie mécanique rien ne l'indique. L'élève, à l'aide de ce moyen, ne connaîtra que la géographie politique, c'est-à-dire cette marqueterie mobile que chaque événement vient changer.

Les *cartes physiques* étaient en grand nombre dans l'exposition anglaise et française. Mais nous reprocherons à ces cartes, comme à celles du même genre provenant des autres pays, de trop simples qu'elles étaient jadis, d'être tombées dans un excès contraire. Ces cartes physiques sont devenues aujourd'hui trop compliquées. On ne se contente plus d'indiquer les fleuves, les rivières, on y a joint les ruisseaux. Et comme les rivières et les ruisseaux d'un territoire forment chacun un chiffre limité de masse d'eau qui sont les fleuves, on parle maintenant de bassins, de lignes de séparation des eaux. Les cartes physiques ressemblent à ces herbiers sur les pages blanches desquelles on a collé de grandes plantes chevelues ; elles embarrassent l'élève et souvent le dégoûtent d'une étude si indispensable à l'homme.

Les cartes exposées par l'Allemagne sont très-bien dressées, bien imprimées et cotées à un prix bien moins élevé que les cartes anglaises et françaises. A quoi cela tient-il? A ce que la vente est bien plus considérable qu'en France. Vous ne rencontrez pas en Allemagne le moindre lieu public qui n'ait appendues à ses murailles une carte de sa province et une ou plusieurs cartes des événements de la guerre. Sans ces accessoires obligés, l'établissement perdrait promptement ses habitués. En Allemagne, l'ouvrier, le laboureur ne se contente pas de fumer sa pipe en buvant son verre de bière, il lit le journal, s'enquiert de ce qui se passe dans les pays étrangers et suit sur la carte, avec une active attention, les marches des armées des diverses nations belligérantes. Dans nos villes, dans nos campagnes, on s'intéresse également aux faits de nos armées; on lit le récit des combats avec avidité, mais on consulte rarement la carte. Cependant les ouvriers, les laboureurs français ne sont pas moins intelligents que les paysans allemands : c'est que les uns connaissent la géographie et que les autres l'ignorent.

En Allemagne, la géographie fait partie très-essentielle de l'instruction primaire, et l'enfant est exercé de bonne heure à tracer sur le tableau noir la carte de son canton. Cette instruction s'étend ensuite à sa province et gagne petit à petit les États circonvoisins. Chez nous, souvent un enfant vous dessinera la carte générale de la France, et sera fort embarrassé pour indiquer la position que doivent y occuper les communes qui environnent son école.

Nous citerons comme exposants des meilleures cartes géographiques et des plus beaux globes :

M. *Grosselin*, de Paris, qui a présenté également des appareils pour l'enseignement de la cosmographie. On doit à M. *Reimer*, de Prusse, une exactitude très-remarquable dans la construction de ses globes terrestres, réunisant, outre les indications habituelles, celles des courants marins. Ces globes, malgré leur grand diamètre, sont d'un prix très-modéré. Nous signalerons particulièrement le moyen ingénieux des projections des cartes des deux hémisphères imaginé par M. *Abbatt*, de Londres, pour montrer la véritable forme globulaire de la terre et obvier ainsi à la fausse impression que laisse dans l'esprit des enfants la vue de deux plateaux circulaires.

Aux échantillons de la *géographie physique* que l'on pourrait appeler la *géographie squelette* viennent se joindre les nombreux travaux de cette géographie que nous désignerons sous le nom de *géographie pittoresque*, c'est-à-dire en relief. Les premiers essais en ce genre furent faits en France, il y a déjà fort longtemps, par *Lartigue*; mais ce n'est qu'en Allemagne qu'elle a été appliquée à l'éducation. Cette heureuse invention qui plaît à l'œil de l'enfant est bien simple : il ne s'agit que de reproduire, à l'aide de substances malléables ou fluides, soit en plâtre, soit en carton-pierre, le relief réel d'un pays à une petite échelle. On a ainsi une réduction dû territoire à étudier. Nous croyons, Monsieur le Préfet, qu'une semblable carte de notre département et pouvant se diviser par arrondissement et par canton serait une œuvre intéressante et fort utile à tous les points de vue, agriculture, commerce ou industrie. Cette carte une fois exécutée, on pourrait faire des surmoulages par arrondissement et même par canton; on finirait ainsi par avoir dans chaque école un relief du pays.

Les exposants qui ont plus particulièrement fixé notre attention par de bonnes cartes en relief sont : M. *Sanis*, de Paris, auquel on pourrait cependant reprocher de n'avoir pas conservé la même échelle dans toutes les parties de son travail et d'avoir surtout amplifié les hauteurs.

M. *Beck*, de Berne, nous a présenté des reliefs de l'*Oberland* et d'autres cantons de la Suisse, indiquant par des couleurs diverses la limite des neiges, la position des glaciers, des forêts, des cours des ruisseaux, des habitations, le tout formant un très-bel ensemble.

Je n'étendrai pas plus loin mes indications, parce qu'elles se résument toutes dans ces mots : *reliefs bien conçus et bien exécutés.* Mais je crois cependant devoir vous signaler, Monsieur le Préfet, les travaux en ce genre de M. *Bardin*, de Paris, qui a voulu faire comprendre aux élèves les cartes avant de leur apprendre à les dessiner. Pour nous offrir l'application de sa méthode, M. Bardin expose plusieurs plans en relief à 1 dix-millième d'une même localité. Le *premier plan* est colorié et lavé à l'effet, c'est pour ainsi dire une miniature géométrique du paysage; le *second plan* est lavé par teintes conventionnelles, avec courbes de niveau équidistantes de 5 mètres; le *troisième plan* est blanc et porte des courbes de niveau à 10 mètres de distance avec les lignes de la plus grande pente (hachures); le *quatrième plan* enfin ne contient que les courbes de niveau à 2 mètres. Losque l'élève a bien compris les quatre reliefs, on lui présente les quatre cartes correspondantes qui lui paraissent alors avoir été obtenues par l'écrasement vertical du relief, et il passe ensuite avec facilité à la lecture de toute espèce de carte.

Le seul défaut que l'on puisse reprocher chez nous à la géographie en relief, c'est sa cherté; mais on pourrait, j'en suis certain, à peu de frais, simplifier le procédé mécanique de reproduction. Il y avait à l'exposition des reliefs très-compliqués qui n'étaient cotés que 3 francs pièce. La géographie en relief est d'une grande utilité et mérite d'être vulgarisée dans les écoles communales, qui toutes devraient posséder un relief de leur canton, car la première chose que doit apprendre un enfant en géographie, c'est de connaître le territoire qu'il habite. L'élève connaîtra mieux la géographie physique de la France avec quelques mois d'études sur une carte en relief que celui qui aura passé plusieurs années sur une *carte squelette*.

Tableaux imprimés.

Nous avons contemplé avec plaisir ces tableaux imprimés, gravés et coloriés, représentant tous les ustensiles, tous les outils employés dans les différents états. L'avantage de ces tableaux qui parlent aux yeux et à l'esprit a été si bien apprécié, que toutes les nations en ont exposé de nombreux spécimens. Tous les arts, toutes les sciences ont été pour ainsi dire analysés par tableau. Nous vous signalerons particulièrement, Monsieur le Préfet, les tableaux en grisaille représentant diverses scènes de l'histoire de la Belgique, par M. Girard. C'est un moyen récréatif d'instruction. A l'aide de ces tableaux, on fait mieux comprendre à un enfant en une heure qu'en une journée d'explication orale. En Angleterre on a été plus loin : les principes de la mécanique ont été également représentés par tableaux. Les diverses pièces sont découpées et rassemblées ensuite pour n'en faire qu'un tout, et au moyen d'un fil qui représente la force motrice, la main du maître ou de l'élève met la machine en action, et l'enfant voit ainsi fonctionner l'objet qui l'intéresse. On ne saurait trop encourager de pareils procédés pour l'instruction des enfants, car en parlant à la vue on a fait la moitié du chemin. Nous avons souvent été étonnés, dans nos visites dans la galerie des machines, de rencontrer des enfants de six à sept ans examiner et expliquer à leurs camarades des appareils fort compliqués. On dirait vraiment que dans ce pays le savoir en mécanique n'a pas d'âge.

Bibliographie instructive et amusante.

Après ces tableaux, qui sont en très-grand nombre, se présentait une foule de petits ouvrages imprimés consacrés à diverses branches de la science, d'une étendue restreinte, et rédigés dans des termes à la portée de l'enfance. Ces livres sont spécialement utiles et nécessaires à cette classe d'enfants qui fréquentent d'ordinaire les écoles de village et qui n'ont ni le temps ni le moyen d'aller puiser à des sources plus étendues.

Les principaux éditeurs de livres pour les enfants avaient envoyé des échantillons de leurs diverses publications. Le classement de ces livres dans la partie anglaise était parfaitement ordonné, et nous avons pu, avec facilité, prendre connaissance de tout volume dont le titre ou le sujet excitait notre curiosité. Ces livres figuraient au nombre de plusieurs mille. La *Société pour la propagation des sciences chrétiennes* avait seule exposé *treize cents* ouvrages divers, presque tous imprimés sur beau et bon papier, souvent illustrés de belles gravures dans le texte et pour la plupart d'un prix très-modique.

La jeunesse curieuse, quel que soit l'objet spécial de son travail, a besoin d'être dirigée dans ses recherches, si ce n'est par son maître, du moins par le livre qui est appelé à le suppléer.

Ces livres, Monsieur le Préfet, viennent au secours de l'esprit de recherche qui domine chez l'enfant en aidant son intelligence, en lui donnant de l'instruction et en lui présentant, sous une forme abrégée et amusante, ce qu'il y a d'arrêté dans les principes de l'art ou de la science, de précis dans la pratique, et préviennent autant que possible qu'il ne s'égare dans une fausse route. Ces notions encyclopédiques correspondent, dans les écoles élémentaires, à l'enseignement des sciences naturelles dans les institutions plus élevées.

Ne nous étonnons pas du très-grand nombre de ces petits livres exposés par toutes les nations ; chaque année en verra éclore de nouveaux. Le progrès des connaissances humaines est si rapide, les méthodes d'enseignement si variées, les modifications dans la pratique des arts si multipliées, les découvertes et les inventions si soudaines et si nombreuses, que toute nouvelle publication aura toujours quelque article nouveau à présenter aux jeunes écoliers. Mais il faut, pour recueillir d'utiles fruits de la lecture de ces petits ouvrages, savoir les bien lire, ce qui n'est pas toujours aussi facile qu'on peut d'abord le supposer. *Bien lire,* c'est, avant tout, comprendre. L'instituteur doit donc se faire rendre compte de la lecture des enfants, s'assurer ainsi qu'ils ont compris ce qu'ils ont lu et leur expliquer ce qui semble les embarrasser ; sans cela, le livre est plus nuisible qu'il n'est utile.

Un petit livre bien fait et agréablement écrit, c'est un ami que l'on donne à l'enfant, qui lui parle bien bas et sait, avec un peu d'art, d'habileté et d'agrément, gagner d'autant mieux sa confiance qu'il s'insinue dans son esprit le plus doucement possible. Il est donc fort important de le bien choisir, car il y a de faux amis qui peuvent être souvent bien nuisibles.

Les premiers livres qui s'offrent à nos regards sont des traités religieux et moraux mis à la portée des enfants de tout âge. Les premiers livres où ils doivent épeler les lettres sont des paroles religieuses. On cherche à fixer la croyance de l'enfant. On ne veut pas laisser entrer le doute dans ce jeune esprit, parce que le doute est mortel aux individus comme aux sociétés. Le doute tue le devoir, anéantit la morale et ne laisse vivre que l'égoïsme.

Parmi les collections de livres exposées, nous citerons celles de la *Société pour la propagation des sciences*, et de MM. Longmann, de Londres, de M. Braim, de Belgique. Nous avons surtout remarqué les livres publiés en Autriche par M. Kofmann pour l'étude populaire de l'agriculture et dont une traduction bien faite pourrait avoir dans notre département une grande utilité. La France était dignement représentée par les principaux éditeurs de livres d'éducation. Les ouvrages étaient en si grand nombre et les sujets si variés qu'il faudrait des volumes pour analyser leur contenu.

Sciences élémentaires.

Les sciences élémentaires semblent, Monsieur le Préfet, s'écarter des limites qui d'abord nous ont été tracées ; mais ces limites ont été forcément dépassées, car la Commission royale de Londres a cru devoir reculer les bornes d'abord indiquées pour la vingt-neuvième classe, rien ne lui indiquant où doit s'arrêter un écolier, et rien ne pouvant empêcher un maître de lui faire comprendre, dès son jeune âge, les premiers principes des sciences. L'intelligence est chez l'homme comme le soleil sur le cadran d'Ézéchias ; Dieu seul a le pouvoir de lui dire : *Tu n'iras pas plus loin*. C'est à tort que l'on prétend généralement que la conception de l'enfant n'est pas assez forte pour comprendre. Quand l'enfant ne comprend pas, soyez persuadé que, presque toujours, c'est le maître qui a tort et non l'écolier ; c'est le maître qui ne sait pas mettre la science à la portée de ce jeune esprit. Je crois donc devoir vous rendre compte le plus brièvement possible de l'examen rapide que nous avons fait des diverses sections du département des sciences admises dans la vingt-neuvième classe.

Histoire naturelle.

On a compris, en Angleterre, qu'il n'était pas plus difficile à un enfant d'acquérir les premières notions d'histoire naturelle et de physique que d'apprendre les quatre règles; aussi voit-on l'enseignement de ces éléments introduit dans toutes les écoles. Ainsi, dans toutes, vous trouverez une pièce anatomique dans le genre de celles du docteur Auzoux, et là les enfants apprennent une science que nul ne doit ignorer, celle de se connaître soi-même. Aidés par de petits livres bien faits, tels que chez nous l'*Histoire d'une bouchée de pain*, du docteur Macé, ou l'*Histoire de la maison que j'habite*, insérée dans le *Magarin pittoresque*, les enfants connaissent la charpente de leur individu et comprennent les principaux phénomènes de la nutrition, etc. C'est un des moyens récréatifs employés par les maîtres pendant ces temps froids ou pluvieux, si communs en Angleterre, durant lesquels on ne saurait laisser les élèves jouer dans la cour.

Parmi les pièces anatomiques à l'usage de l'éducation dans les écoles, nous citerons, en France, celles de M. Auzoux, les *muscles* représentés en cire par Tabrich, les *préparations ostéologiques* de M. Guérin, les préparations microscopiques d'anatomie animale de M. Bourgogne, et les têtes d'animaux de M. Lefèvre. Nous ne saurions passer sous silence les travaux de M. Potteau, de Paris, qui ne s'est pas contenté d'exposer divers objets d'histoire naturelle, mais qui a appelé la photographie à son aide, et donne ainsi reproduits les types des différentes races humaines pour l'étude de l'ethnologie.

Les oiseaux et les animaux empaillés étaient en petit nombre; nous n'avons rien aperçu digne de vous être particulièrement signalé, Monsieur le Préfet, sinon la belle collection présentée par la Société Impériale d'acclimatation de Paris et celle destinée à l'éducation des jeunes élèves, comprenant les oiseaux nuisibles à l'agriculture exposés par M. Florent Prévost.

L'entomologie n'offrait, comme véritablement intéressant au point de vue de l'éducation et digne, Monsieur le Préfet, de votre attention, que la réunion de tous les insectes nuisibles à l'agriculture, collection présentée par le R. P. Milhau, professeur à l'école de Beauvais.

Botanique.

Les instituteurs du département du Loiret se sont fait remarquer par une exposition spéciale de botanique. Cette exposition se composait d'une collection fort intéressante et fort utile des *plantes nuisibles* à l'agriculture. On ne saurait trop louer des hommes qui, en dehors de leurs fatigants travaux, passent leurs loisirs dans une occupation utile encore à leurs semblables.

Cristallographie.

On remarquait à l'Exposition de nombreux cristaux. En première ligne, nous citerons ceux de M. Krantz, de Bonne, en Prusse, qui expose des cristaux et des minéraux destinés à l'enseignement. Vient ensuite M. Schnabel, de la Prusse, qui avait produit des modèles de cristallographie. Ces modèles sont composés de plaques de verre convenablement découpées et assemblées. Ils offrent l'avantage de laisser voir, dans l'intérieur du cristal, les axes représentés par des fils tendus; ils facilitent, en outre, l'explication des modes de dérivation au moyen desquels on passe, d'une forme primitive donnée, aux autres solides du même système cristallisé. La forme primitive étant représentée par un modèle fait d'une substance opaque et étant renfermée dans la dérivée qui est en verre, le seul aspect est suffisant pour faire comprendre chaque génération.

Optique et acoustique.

Nous voici arrivés maintenant aux instruments de physique, mais je ne vous arrêterai qu'aux plus remarquables par leur nouveauté et leur simplicité. Voici d'abord M. Schulz, de Schwarzbourg, qui expose des instruments relatifs à la théorie des ondes. Les élèves qui suivent les cours de physique éprouvent généralement beaucoup de difficulté pour comprendre et se figurer, dans l'espace, la constitution, la propagation et l'interférence des ondes sonores ou des ondes lumineuses. On a senti la nécessité de venir à leur aide au moyen de machines spéciales, où chaque molécule vibrante se trouve représentée par une petite sphère, par une perle à laquelle on peut faire parcourir les différentes trajectoires de la molécule elle-même. M. Schulz a voulu résoudre le problème d'une manière suffisante pour l'enseignement. Il s'est borné à la représentation des vibrations rectilignes, et il a eu l'heureuse idée de figurer les ondes longitudinales aussi bien que les ondes transversales. Son appareil se compose de deux parties accouplées de telle manière que chaque déplacement transversal, c'est-à-dire perpendiculaire à la direction de la propagation de l'une, correspond dans l'autre au déplacement longitudinal. Ainsi, tous les phénomènes d'interférence qui résultent de la superposition de deux ondes de la même espèce peuvent être représentés à l'aide de cette machine ingénieuse et d'un prix très-modéré, ce qui doit faciliter l'enseignement de l'acoustique et de l'optique.

Physique.

M. *Silbermann*, de Paris, a cherché à affranchir les professeurs de physique des soins matériels qu'exige leur enseignement. Pour que le professeur puisse, pendant la leçon, donner tout son temps et toute son attention à l'exposition des faits et des méthodes expérimentales, sans être obligé de dessiner lui-même tous les appareils, de développer toutes les formules, de résumer en tableaux les résultats de toute expérience, M. *Silbermann* a rédigé un traité de physique contenu dans un portefeuille de 2 mètres de haut sur 1 mètre 50 de large, composé d'un grand nombre de feuilles en toile cirée avec peinture à l'huile. Chaque feuille du volume peut être suspendue dans la salle au moment de la leçon, et le professeur y trouve le résumé de tout ce qui a rapport au sujet qu'il veut traiter, en même temps que l'élève peut en prendre copie à loisir.

Photographie.

La photographie, Monsieur le Préfet, occupait à l'Exposition de Londres une brillante position. C'est à l'emploi du collodion que la photographie a dû à peu près ses rapides progrès. Comme science, la photographie n'est pas une science; elle n'est que le résultat des sciences physiques et chimiques.

Depuis quelques années, cet art est resté stationnaire, mais cette halte n'a pas été stérile, car elle a profité à la science, qui a cherché à l'employer dans quelques-unes de ses recherches. Nous citerons d'abord l'appareil magnétique de M. *Beckley*, de Londres, qui par le moyen de la photographie est parvenu à tracer et constater la marche de ses aiguilles sans aucun secours humain. M. *Waren de La Rue*, de Londres, s'est également servi de la photographie pour obtenir une reproduction exacte des phases de la lune.

Là ne se sont pas arrêtés les services que l'on a demandés à la photographie. On a cherché avec son aide à graver sur cuivre, sur acier, sur pierre. Beaucoup d'essais ont été tentés dans cette voie; une foule de spécimens plus ou moins bien réussis ont été mis sous les yeux du public. Ceux des photographes qui paraissent dans une bonne voie et le plus près du but sont MM. *Mongor-Ponton* et *Pretsch*, de Londres, et *Niepce de Saint-Victor*; mais toutes les planches obtenues par ces photographes ont toutes besoin de la main du graveur pour être terminées. Les moyens employés sont à peu près identiques : on enduit la planche de bichromate de potasse combiné avec la gélatine qui le rend insoluble à la lumière. Sur cet enduit on place l'épreuve négative que l'on recouvre d'un verre, et après l'avoir exposée au soleil pendant un temps donné, on enlève les parties solubles de la gélatine; le métal peut être alors précipité par la pile voltaïque, et une gravure peut être reproduite. On cherche également à graver par le même procédé les rouleaux pour impression des toiles et des papiers. MM. *Lerebours*, *Lemercier*, *Barresvil*, *Davanne*, ont tenté avec plus ou moins de succès d'obtenir des dessins sur pierre par les mêmes moyens. Mais M. *Poitevin* paraît avoir seul complétement réussi, car il est parvenu à impressionner la pierre de telle sorte qu'elle a la propriété de prendre l'encre et de fournir à la presse jusqu'à *neuf cents bons exemplaires*. Ce qui attire aujourd'hui l'attention spéciale de tous les artistes photographes, c'est le moyen de reproduire en grand les petites images. On sait que les petites épreuves s'obtiennent facilement et avec une grande perfection, à laquelle on ne parvient que difficilement avec des appareils compliqués et des lentilles de grande dimension. Pour prendre une vue, on n'aura plus besoin alors d'un lourd bagage; on pourra porter sans danger dans une petite boîte tout ce qui est nécessaire, les petits verres négatifs étant moins sujets à se briser pendant le voyage que les grands. Voilà pour les vues.

Pour les portraits, la préparation des petites plaques est simple et prompte. La pose est pour ainsi dire instantanée, et le visage alors n'a rien de contraint, rien de forcé. Les petites lentilles opérant à de grandes distances du sujet donnent une image sans contorsion, sans perspective exagérée et défectueuse : si donc on parvient à pouvoir grossir ces petites images, on obtiendra, sans aucun doute, des portraits d'une grande beauté. Voilà le problème que l'on a cherché à résoudre. M. *Claudet* s'est servi de la chambre noire pour grossir ses épreuves et, selon lui, si l'on pouvait avoir à sa disposition le soleil d'Italie, rien ne serait plus facile que cette opération. Mais malheureusement le soleil ne brille pas chaque jour et l'on doit souvent attendre plus d'une journée pour pouvoir jouir de son influence. On en est donc jusqu'à ce jour aux essais et le problème reste encore irrésolu.

La Musique.

La musique, en fait d'appareil et de méthode, n'offrait rien de nouveau, si ce n'est le *Gammier de M. Frélon*, destiné à mettre à la portée de toutes les intelligences la question si abstraite des *tons* et des *modes*. La méthode *Galin-Paris-Chevé* avait exposé ses tableaux et sa notation en chiffres, mais ici je m'abstiens sur son plus ou moins de mérite. Tant que l'on ne nous aura pas prouvé qu'il est plus aisé de lire et d'écrire le français avec des lettres arabes qu'avec nos lettres usuelles, je crois que nous serons raisonnables en continuant de noter et d'écrire la musique *tout comme ont fait nos pères*.

Ici se termine mon travail, Monsieur le Préfet ; mais je ne saurais clore ce rapport sans exprimer devant vous combien j'ai été fier de voir qu'à cette exposition universelle aucune nation n'a surpassé la France en tout ce qui concerne l'instruction, et que dans plusieurs branches même elle leur a été supérieure. Si cette instruction lui a occasionné de grandes dépenses, elles n'ont pas été stériles et nous avons lieu de nous féliciter, Monsieur le Préfet, des soins incessants apportés par l'administration à l'éducation des masses. C'est au moment où de grandes crises, où de grandes calamités physiques, industrielles ou commerciales viennent frapper une partie de la population, que l'on peut apprécier les fruits de l'instruction. Anciennement un semblable désastre se traduisait par des attroupements désordonnés, des cris, des révoltes et souvent même des crimes. Les malheureux, dans leur ignorance, se croyaient abandonnés; n'ayant plus d'espoir, ils se livraient à tous les excès. Aujourd'hui ce même peuple qui sait lire supporte avec calme, patience et dignité même le malheur qui l'atteint; il espère, il sait qu'il n'est pas oublié, il est convaincu par la lecture des nombreux journaux qu'il parcourt chaque jour que toutes les nations s'intéressent à sa détresse et que chaque individu s'empresse à l'envi d'apporter son obole pour alléger le fardeau de sa misère. Voilà, Monsieur le Préfet, les effets bienfaisants de l'éducation.

Me voici parvenu, Monsieur le Préfet, aux limites de ma tâche. J'ai cherché à la remplir sinon avec le talent et le savoir que comportait un pareil travail, du moins avec tout le zèle et tout le dévouement que m'imposait l'honorable mission que vous aviez daigné me confier.

Le Vice-Président de la cinquième Section,

LE Cte AD. DE PONTÉCOULANT.

DEUXIÈME PARTIE.

BEAUX-ARTS.

Monsieur le Préfet,

Dans la réunion qui eut lieu à Melun pour constituer la commission départementale, deux membres seulement furent désignés pour former la sous-commission de l'instruction élémentaire et des beaux-arts. M. Drouyn de Lhuys, notre président, nous fit remarquer alors, et certes très-justement, que les sujets compris dans cette dernière subdivision étaient un peu du ressort de tout le monde, et il fut implicitement convenu que chacun de nous ferait et communiquerait ses observations. Ce n'est donc point un rapport, mais seulement un contingent de quelques notes, que je viens vous soumettre pour qu'elles puissent être jointes aux observations que nos collègues auront recueillies.

M. le comte de Pontécoulant auquel j'étais adjoint s'étant attaché spécialement à la question de l'instruction élémentaire, c'est à la question des beaux-arts que s'appliquent les notes suivantes, dans lesquelles on ne peut évidemment s'attendre à trouver une revue, dans le sens habituel de ce mot, des objets d'art exposés à Londres. En me livrant à des descriptions multipliées, j'aurais été bientôt entraîné à dépasser sans mesure les bornes nécessairement assignées à une sous-commission, qui ne peut elle-même occuper qu'une place très-secondaire dans un département infiniment plus agricole qu'industriel et artistique. On me pardonnera donc si je me borne à ne présenter que quelques observations générales, en donnant seulement à l'appui la description sommaire d'un petit nombre d'œuvres prises pour types, en quelque sorte, dans la sculpture et dans la peinture d'histoire, de genre, et de paysage.

Les œuvres réunies à la grande exhibition étant toutes d'une valeur déjà reconnue, ce ne sont point des qualités élémentaires que nous aurons à y rechercher, ce sera, en un mot, beaucoup moins la forme, qui est du métier, que l'expression, qui est de l'inspiration et parfois même du génie.

Soit impuissance, soit préoccupation de mode, ou système d'école, il arrive trop souvent que c'est la forme qui l'emporte dans les produits de l'art, et que l'expression est sacrifiée.

Ces observations trouvaient leur application au pied même du double escalier qui conduisait aux galeries de l'exposition des beaux-arts. Deux fort beaux groupes en marbre étaient placés aux deux extrémités du vestibule où cet escalier prenait naissance : l'un de ces groupes offrait les *Trois Grâces*, et l'auteur avait lutté non sans bonheur contre plus d'un souvenir dans un sujet déjà magistralement traité. La beauté des formes, la variété des poses, la délicatesse du travail étaient remarquables, mais on peut toucher au but sans l'atteindre : l'artiste anglais avait donné beaucoup à ses Grâces, il ne leur avait pas assez donné la grâce; elles rappelaient trop le marbre et pas assez la nature impressionnable.

L'autre groupe représentait une jeune mère avec deux tout jeunes enfants. La grâce et surtout la tendresse respiraient ici dans le marbre, mais la dignité maternelle était absente, la mère était vêtue comme le serait, ou plutôt aussi peu que le serait une courtisane.

Une statue d'Arminius, œuvre d'un artiste germain, a la forme, il lui manque la noblesse. Cet homme à la figure haineuse et ignoble, qui remet son glaive dans le fourreau, a bien plus l'air d'un bourreau qui a accompli son œuvre que d'un héros vainqueur des Romains et que ses compatriotes ont divinisé. On serait tenté de croire que l'artiste l'a produit pour se donner le facile plaisir de lui faire fouler l'aigle à ses pieds.

Un charmant groupe de *Moïse sauvé* semble réunir, lui, ces deux *desiderata*, la forme et l'expression. Je ne sais si la fille de Pharaon et ses compagnes offrent bien exactement le type égyptien, elles le rappellent du moins assez pour la vérité de la scène, et sont aussi gracieuses que le goût peut le demander.

Il n'en est pas tout à fait ainsi d'un petit groupe de *Paolo et Francesca*. On a dit qu'un homme pouvait bien être amoureux comme un fou, mais qu'il ne devait pas l'être comme un sot. L'amour de Paolo n'en est pas précisément là, mais il a quelque chose d'un peu niais, qui conduirait plus aisément au rire qu'à l'attendrissement.

C'est sans doute par un amour exagéré de réalisme que l'auteur de deux statuettes en bronze d'*Alfred le Grand* et de *Guillaume le Conquérant* a donné à ses héros des muscles et des tournures de portefaix. Aux IXe et XIe siècles, les grands étaient fort adonnés aux exercices du corps, il est vrai, mais Alfred et Guillaume étaient aussi des hommes de pensée et d'intelligence. Pourquoi ne rayonnent-elles point dans les traits de chefs qui ont légué à la postérité de bien autres souvenirs que ceux d'un coup de lance ou de masse d'armes ?

Une statue de marbre m'a paru vraiment belle et d'un grand caractère, mais ce n'est pas à l'Exposition, c'est à Greenwich que je l'ai vue. Elle représente un jeune officier de marine tué en 1857, W. Peel, l'épée à la main et donnant des ordres. C'est là une de ces œuvres qui vous saisissent et s'emparent de vous. Je suis heureux de pouvoir la comparer pour le style, la noblesse, et même quelque chose de la pose, à la belle statue du général Damême, de notre compatriote Eugène Godin, œuvre que les étrangers, non moins que nous, admirent sur une des places de Fontainebleau.

Si le poëte latin a dit avec quelque raison : *Habent sua fata libelli*, « les livres ont leur destin, » il en est de même des tableaux, et là aussi l'affection populaire a ses caprices et peut quelquefois être sujette à contrôle. Ainsi l'un des tableaux qui ont eu le plus ce qu'on pourrait appeler un succès d'affluence à Londres, était un tableau de l'école belge, représentant un jeune chrétien des premiers siècles au seuil de l'arène où il va être livré aux animaux féroces. Le sujet assurément est saisissant. Le calme du jeune martyr, la sauvage avidité des spectateurs qui encombrent le cirque offrent et auraient pu offrir plus encore, peut-être, un contraste d'un effet émouvant. Mais, hélas ! ce n'était point cela qui attirait la foule, c'était tout bonnement un effet de soleil passant entre deux planches, un simple trompe-l'œil, une surprise de diorama.

Quels titres plus solides auront toujours à l'admiration deux tableaux de M. Gallait, qui, voisins de celui-là, étaient moins populairement courtisés : *Les derniers moments du comte d'Egmont* et *Les derniers hommages rendus aux comtes d'Egmont et de Horn !* Tout est vrai, tout est vivant dans ces deux belles pages, bien connues à Paris où elles ont été exposées.

L'expression se trouvait à un haut degré dans le *Néron assistant à l'embrasement de Rome*. L'écueil ici était d'aller trop loin, d'arriver jusqu'à l'horrible, et en effet il est bien voisin. Quelles épouvantables scènes et quelle odieuse figure ! Ce tableau vous oppresse. Et pourtant c'est de l'histoire ! Malheureusement l'histoire a bien peu de pages séduisantes.

De l'histoire encore et de l'expression avec un piquant contraste, c'est dans le tableau de M. Comte : *Henri III au château de Blois rencontrant le duc de Guise, au moment où ils vont communier tous les deux, la veille de l'assassinat*. Il serait impossible de mieux rendre l'œil cauteleux, la duplicité perfide de Henri et la profondeur du mépris qui respire dans toute la physionomie du duc. Celui-ci est bien l'homme qui écrira sur un billet d'avis : *On n'oserait;* et Henri III est bien l'homme que l'histoire a justement flétri.

Venons aux tableaux de genre, qui sont un peu l'histoire intime et populaire.

Une toile fort remarquée et à juste titre était le beau tableau, déjà populaire en France, *Les Sœurs de charité*, de Mme Browne ; mais le reproche que nous nous permettrons de lui faire est inhérent au sujet lui-même. Assurément la sœur qui soigne le jeune enfant est admirable, elle le soigne avec dévouement, elle est bien à son devoir, mais on sent que c'est un devoir. Elle n'est point anxieuse. Mettez une mère à la place d'une *sœur*, et l'angoisse et l'espoir se combattront sur sa physionomie ; une sollicitude, une tendresse ineffable l'illumineront, et le chef-d'œuvre sera complet.

Une œuvre charmante encore, c'est un tableau qui représente *Le salon d'une maison de jeu des bords du Rhin*. Des joueurs tout entiers à leur occupation frénétique occupent le second plan étincelant de lumières; là n'est pas l'intérêt du tableau. Sur le devant, une jeune femme extrêmement jolie, en toilette de bal, prodigue des cajoleries à un gros, lourd et archimaussade personnage occupé à compter l'argent qu'il vient de gagner; ce n'est encore là qu'un intérêt très-secondaire, une sorte de repoussoir. A côté, un jeune homme vient de perdre. Un chagrin voisin du désespoir se lit dans ses yeux; mais près de lui un ange, sa jeune femme que suit un enfant, belle aussi mais d'une tout autre manière que la courtisane, s'efforce de le consoler. Je ne sais quelle magie le peintre a pu employer, mais cette charmante et honnête figure semble avoir une triple expression, elle supplie, elle fait promettre, elle encourage. Bien certainement son mari ne jouera plus. Peut-être cette œuvre n'est-elle point exempte de critique; ce que je sais avant tout, c'est qu'elle est ravissante et m'a vivement ému.

Une fort jolie toile de l'exposition belge représente un atelier de peintre. L'artiste travaille et se détourne pour regarder en souriant avec attendrissement son fils, charmant blondin de trois ou quatre ans, à demi vêtu, et gravement les mains derrière le dos en contemplation devant un des tableaux de son père.

C'est là une scène si naturelle que l'idée a pu s'en présenter plus d'une fois et sourire à l'imagination de plus d'un peintre. Un autre l'a eue en effet, et nous en avions une sorte de répétition dans l'exposition du Danemark; mais ici l'artiste lui a donné une expression toute différente; le bambin n'éprouve ni admiration ni extase; ce qui vient poindre dans sa petite tête, c'est de la critique ou de l'émulation; il s'est emparé d'une brosse et il applique de belles taches rouges sur un tableau qui est à sa portée. Aussi le père se précipite-t-il pour réprimer l'essor de ce talent de belle espérance mais intempestif.

Je ne puis m'empêcher de faire à notre éminent artiste Hamon une chicane à propos de son charmant tableau *Ma sœur n'y est pas*, que j'ai eu grand plaisir à revoir à Londres. Ce n'est certainement pas l'expression qui manque, mais pourquoi donc nous a-t-il caché la moitié de la figure de la principale actrice dans cette jolie scène? Est-ce pour le plaisir d'exécuter une sorte de tour de force en faisant lire tout ce qu'exprime le seul œil que l'on aperçoive? Bien pour l'expression, mais le pittoresque aussi a ses droits, et l'on regrette l'ensemble de cette virginale physionomie et la bouche qui aurait pu dessiner un si malicieux sourire.

Voici une toile qui fera rêver plus d'un studieux adolescent. C'est James Watt détourné de son travail d'écolier par la méditation si pleine d'avenir dans laquelle le plonge l'ébullition du pot-au-feu. Sa tante, une femme comme il faut vraiment, ne prend pas son parti de la longue distraction qui n'est pour elle, chez le neveu dont elle fera son gendre un jour, qu'une négligence condamnable à l'endroit de son devoir interrompu; mais James, tout à l'extase que lui cause l'expansion de la vapeur, n'entend rien encore de la réprimande, alors qu'une bonne grosse servante rit d'un bon gros rire de l'apparente stupidité du jeune homme.

Tout a été dit, je crois, sur les tableaux de batailles, dans lesquels on demande d'abord des terrains vrais, de la stratégie vraie et puis surtout encore du mouvement. Nous sommes complétement revenus, Dieu merci, de ces anciennes batailles qui consistaient dans la représentation d'un état-major posant comme pour une exhibition de figures de cire. Heureux quand le peintre voulait bien ajouter au fond quelques détails à peine aperçus et tenant plus de la topographie que du tableau.

Le paysage en général paraît être dans une bonne voie parce qu'il est plus vrai qu'il n'a été à une époque, non encore très-éloignée, où la convention, la manière, le poncis l'entraînaient à côté de la vraie nature. Nous avons des voisins qui doivent nous donner à penser et exciter notre émulation. Presque toutes les écoles ont de fort beaux paysages, et ces paysages, évidemment reproductions de sites vrais, car la composition artificielle est presque toujours plus ou moins maladroite, ont le mérite d'un choix heureux. Tout ce qu'ils reproduisent méritait de l'être. C'est ce qu'en France oublient quelquefois des artistes très-estimables, mais trop disposés à exagérer une qualité lorsqu'elle devient de mode. Le fanatisme du vrai ne doit pas conduire au trivial. Tant de choses ne valent pas qu'on se détourne pour les voir, encore moins qu'on s'arrête! Vous supposez que leur reproduction me fera plaisir? Ma foi non. J'aime mieux passer outre et aller vers ce qui m'attire ou me retient.

Les arts se tiennent : des sons discords peuvent être très-nature, mais n'en sont pas moins désagréables; vous ne les placeriez pas impunément dans la musique. Tendre vers le beau ne peut être qu'un moyen de faire bonne route. Les notions du beau sont variables, il est vrai; cependant, de même qu'il est une conscience du bien, il en est une du beau, et elle ne tarde pas à s'éclairer par l'étude et la comparaison des œuvres d'élite qui ont bien su rallier les suffrages.

Et surtout, sculpteurs, peintres d'histoire, de genre, de paysage, ne nous donnez pas de l'insignifiant. On pardonne quelque exubérance, on ne pardonne pas l'insignifiance. Ce n'est pas encore assez de suivre le précepte : « *Sumite materiam vestris.... æquam viribus*, faites choix d'un sujet que vous puissiez porter, » il faut non-seulement le porter, mais l'enlever vivement, légèrement, hardiment. A la forme joignez la vie; que le feu circule, que l'œuvre palpite, c'est à ce prix seul qu'elle vivra.

Le Rapporteur,

A. CARRO.

TABLE DES MATIÈRES

Paris. — Imp. Paul Dupont, 45, rue Grenelle-Saint-Honoré

Paris — Imp. Paul Dupont, 45, rue Grenelle-Saint-Honoré.

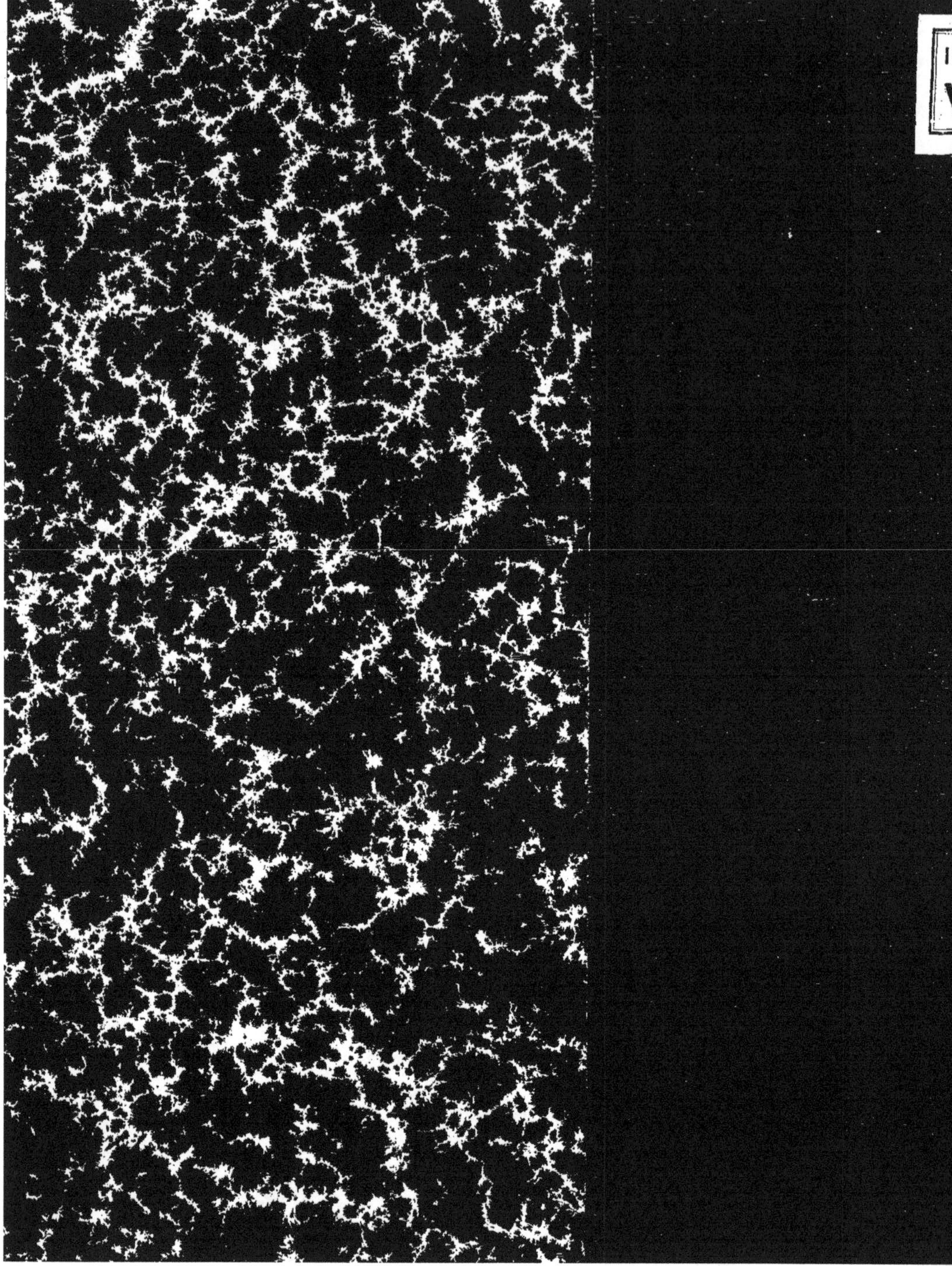

www.ingramcontent.com/pod-product-compliance
Ingram Content Group UK Ltd.
Pitfield, Milton Keynes, MK11 3LW, UK
UKHW031045260726
13965UKWH00006B/505

9 782012 953024